KB123040

재밌어서 밤새 읽는

지 구 과 학
이 야 기

재밌어서 밤새 읽는

지 구 과 학
이 야 기

사마키 다케오 외 지음 | 김정환 옮김 | 전국과학교사모임 감수

더숲

머리말

앞서 출간된 《재밌어서 밤새 읽는 지구과학 이야기》가 흥미진진하고 수수께끼로 가득한 지구와 우주의 이야기를 폭넓게 다뤘다면, 이 책에서는 지구를 둘러싸고 벌어지는 위협적이고 가공할 수준의 자연재해와 인류를 멸종 위기로 몰아넣을 수도 있는 위험한 우주에 대해 다뤘다.

지구과학의 범주에는 '우리가 밟고 있는 지구의 지질과 지형', '날씨 변화와 기상', '천체와 우주' 등이 포함된다. 좀 더 구체적으로 살펴보면 '우리가 밟고 있는 지구의 지질과 지형' 범주에서는 주로 지진이나 화산 활동으로 인한 자연재해를, '날씨 변화와 기상' 범주에서는 태풍이나 집중 호우로 인한 기상 재해와 장기간에 걸쳐 평소와 다른 기상 상태가 되는 이상 기후를, '천체와 우주'에서는 지구와 소행성의 충돌 등을 소개했다.

자연재해란 지진, 화산 활동, 호우, 강풍, 해일 등이 원인이 되어 발생하는 재해로, 최근에는 이런 자연재해가 세계 곳곳에서 심심찮게 일어나고 있으며, 그 규모나 횟수도 점점 증가하고 있다.

이 책은 내가 편집장을 맡고 있는 이과를 좋아하는 어른을 위한 잡지《과학탐험》의 뜻있는 필진들과 공동으로 집필한 것이다.《과학탐험》에서는 그동안 지진과 화산 등의 재해를 특집 기사로 다룬 바 있는데, 그 경험을 이 책에 담으려 노력했다.

과거의 자연재해 사례와 자연재해의 발생 및 그 작동 메커니즘을 아는 것은 현재 그리고 미래에 우리가 자연재해와 어떻게 마주해야 할지 생각하는 데 밑거름이 되어 준다. 이 책이 자연재해의 메커니즘을 이해하고 사전에 충분한 대책을 세워 피해를 최소화하는 데 기여한다면 그보다 기쁜 일이 없을 것이다.

감수의 글

〈재밌어서 밤새 읽는〉 시리즈는 지구과학, 물리, 화학, 천문학, 해부학 등 어렵게만 느껴지던 과학 이야기들을 이해하기 쉽게 소개하여 각종 우수도서로 선정된 인기 시리즈다. 나 역시도 처음 읽었을 때 쉽고 재밌어서 하룻밤 새 다 읽었던 기억이 있다. 이번에 출간된《무섭지만 재밌어서 밤새 읽는 지구과학 이야기》는 공포스럽고 놀라운 지구과학의 많은 이야기들을 들려준다.

지구는 굉장히 역동적이어서 곳곳에서 매우 다양한 종류의 자연재해가 일어나고 있다. 지진이나 화산 활동, 태풍이나 집중 호우, 이상 기후, 소행성의 충돌 등의 자연재해는 언제 어디서 발생할지 예측이 어렵고, 그 결과 더욱 무서운 상황을 만들곤 한다. 더욱이 예상치 못한 곳에서 벌어지는 자연재해는 전 지구인들을 공포에 빠지게 하며, 다른 나라의 소식이 더 이상 남의 이야기로 들리지 않는다. 지진에서 다소 자유로웠던 우리나라도 최근 지진이 자주 발생하면서 사회적인 인식과 관심이 크게 변하고 있다. 하지만 자연재해의 발생 원인과 과정을 잘 이해하고 사전에 충분한 대책을 세워 마주한다면 공포감은 어느 정도 완화될 수 있을 것이다.

마침 일본 후쿠시마 원전의 방사능 오염수 방류 문제가 화제가 되고 있는 요즘, 이 책을 통해 후쿠시마 원전 사고의 원인인 2011년 동일본 대지진과 원전 사고 발생 과정도 자세히 살펴볼 수 있다.

이 책은 과거에 일어났던 자연재해와 기상 위기의 대표적 사례를 살펴봄으로써 자연재해에 대한 막연한 공포를 줄이고 대비책을 마련하는 것에 관한 이야기다. 물론 내용의 특성상 일본의 자연재해 사례가 많이 등장해 지명이나 용어들이 우리에게 낯설기도 하다. 그러나 그 낯섦을 걷어내고 읽다 보면 자연재해가 일어나는 메커니즘을 잘 이해할 수 있게 되고, 재해 방재에 한 걸음 앞서 있는 일본의 사례에서 우리가 가야 할 방향을 찾을 수 있을 것이다. 그리고 저자의 말처럼 지구의 역동적인 모습을 지구과학의 눈으로 바라보면 자연재해도 우리 지구에 필요한 과정임을 이해하게 된다.

여러분이 잠든 사이 지진이 발생해 건물이 흔들리거나 집중 호우로 집이 잠길 수도 있다. 무섭다. 이런 재해에 대한 공포심을 극복하는 길은 잘 아는 길뿐이다. 이 책이 그 길을 안내할 것이다.

박지선
서울 혜화여자고등학교 지구과학 교사

차례

5장 우주와 지구에서 벌어지는 등골 오싹한 이야기

일본의 주요 지명 참고용 지도

홋카이도 지방
홋카이도

아오모리
아키타 이와테
도호쿠 지방
야마가타 미야기
주부 지방
니가타 후쿠시마
이시카와 도야마 도치기
나가노 군마
주고쿠 지방 후쿠이 기후 야마나시 사이타마 이바라키
도쿄도 지방
가나가와
간토 지방
시마네 돗토리
교토부 시가 시즈오카
히로시마 오카야마 효고 아이치
야마구치 가가와 오사카부 미에
에히메 나라
간사이 지방
시코쿠 후쿠오카 도쿠시마 와카야마 (긴키 지방)
시가
오이타 나가사키 고치
구마모토 시코쿠 지방
미야자키
가고시마
오키나와 규슈 지방

오키나와 지방

일러두기
- 지진, 화산 분화와 같은 내용의 특성상 일본의 지명이 다수 등장합니다. 한국 독자들의 이해를 돕기 위해 한국어판에서는
  위의 일본 지도를 함께 실었습니다. 도쿄도, 교토부, 오사카부 외에는 모두 일본의 행정 구역 단위인 현입니다.
- 이 책에 나오는 지자체의 명칭과 지명, 인물의 직함은 사고와 재해가 발생한 당시의 것을 그대로 사용했습니다.

1장

지진의 공포가
끊이지 않는 지구촌

1960년 칠레 지진, 관측 이래 가장 큰 규모 기록

지진 자체의 세기를 나타내는 단위 '매그니튜드(M)'

지진이 일어나면 텔레비전이나 인터넷 등을 통해 지진 속보가 전해진다. 속보에는 먼저 지진이 발생한 시각과 지역이 나오며, 그다음으로 각 지역의 진도震度 및 진원震元의 위치와 깊이, 그리고 지진 규모가 보도된다. 여기서 지진 규모는 땅의 진동을 일으킨 근본적인 지진 자체의 세기를 나타내는 척도로, 흔히 매그니튜드(M)라는 단위로 나타낸다. 속보에 이어 그 지진으로 인해 쓰나미 발생 가능성이 있는지 여부를 전하고, 가능성이 있다면 경보 또는 주의보를 발표한다.

진도는 그 장소가 얼마나 세게 흔들렸는지를 나타내는 잣대다. 과거에는 체감 정도와 주변 상황을 근거로 진도를 추정했는데, 일본 기상청이 1996년 4월부터 진도계에 기록된 '계측 진도'를 기반으로 진도 등급을 결정했다. 진도 등급은 0부터 7까지 있으며, 진도 5와 6은 다시 '약'과 '강'으로 나뉘어져 모두 합하면 10등급이다(한국의 기상청은 '수정 메르칼리 진도 등급'에 따라 12등급으로 분류한다-편집자).

일본 지진 발생시 보도되는 지진 속보에는 "각지의 진도는 다음과 같습니다"라는 말과 함께 수많은 정보가 표시된다. 일본 전역의 약 600곳에 설치되어 있는 진도계의 기록이 즉시 기상청에 집약되어 속보로 보도되는 것이다. 이처럼 진도가 수많은 지점의 정보인 데 비해, 지진 규모는 하나의 지진을 하나의 수치로 나타낸다. 또한 진도가 0부터 7의 정수로 표시되는 데 비해 지진 규모는 소수점 이하까지 표시된다.

지진의 세기가 어느 정도인지를 말해 주는 단위인 매그니튜드(M)는 지하에서 방출된 에너지의 크기를 나타낸다. 지진 규모가 1 커지면 에너지의 크기는 약 32배가 된다. 2 커지면 32의 32배인 약 1,000배가 되며, 3 커지면 약 3만 2,000배가 된다. 0.1만 커져도 약 1.4배, 0.2가 커지면 약 2배가 되는 까닭에 지진 규모의 차이는 지진파 에너지의 커다란 차이로 이어진다.

또한 지진파는 진원지에서 멀어질수록 약해지므로 진도는 장소에 따라 달라지지만 지진 규모는 변하지 않는다.

◆ 지진 규모와 진도의 관계

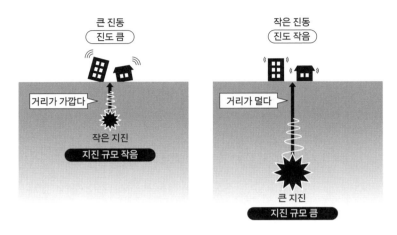

지진 규모가 작아도 진도는 클 수 있다

한 장소에서 수직 방향으로 이어진 지하에서 일어난 지진을 직하형
直下型 지진이라고 한다. 수직 방향, 게다가 얕은 곳에서 지진이 일어
나면 지진 규모가 작더라도 진도는 커진다.

지진 규모가 1 커지면 지진의 발생 빈도는 대략 10분의 1만큼 잦
아지는 것으로 알려져 있다. 놀랍게도 지구상에서 일어나는 지진의
약 10퍼센트가 일본이라는 좁은 지역에서 일어나고 있는데, 지진 규
모 8의 지진이 10년에 1회, 지진 규모 7의 지진이 1년에 1회, 지진
규모 6의 지진이 1년에 10회 정도 발생한다. 이것은 어디까지나 평

◆ 기록에 남은 주요 대지진

연도	지진명	지진 규모(M)
869년	조간 산리쿠 지진	8.3~8.47
1707년	호에이 지진	8.6~8.7
1896년	메이지 산리쿠 지진	8.2
1906년	에콰도르·콜롬비아 지진	8.8
1923년	간토 대지진	7.9
1960년	칠레 지진	9.5
1964년	알래스카 지진	9.1
2004년	인도네시아 수마트라 섬 해역 지진	9.1~9.3
2011년	동일본 대지진	9.0

균 데이터이므로 1년 단위로 보면 편차가 크지만, 대략적인 발생 빈도의 기준은 알 수 있다.

그러면 기록에 남아 있는 주요 지진을 살펴보자.

최근 100년 사이에 지진 규모 9.0이 넘는 지진이 세 번이나 발생했다. 2011년의 도호쿠 지방 태평양 해역 지진(일명 '동일본 대지진')은 지진 규모 9.0으로, 세계 4위이자 일본의 지진 역사상 최대 규모였다. 과거 869년에도 조간貞観(859~877년 시기의 연호) 산리쿠 연안(도호쿠 지방 태평양 연안에 위치)에서 지진이 발생한 기록이 남아 있다. 이후 1896년에도 이 지역에 대규모 지진이 발생했는데, 이는 동일본 대지진이 1,000년에 한 번 일어나는 지진으로 불리게 된 연유이기도 하다.

전 세계에서 발생한 지진 가운데 가장 규모가 큰 것으로 추정되는 것은 1960년에 발생한 지진 규모 9.5의 칠레 지진이다. 칠레 지진이 원인이 되어 일어난 쓰나미는 지구 반대쪽에 있는 일본까지 밀려와 홋카이도부터 오키나와에 걸쳐 큰 피해를 입혔다.

참고로 지진계가 발달하지 못했던 1900년 이전에 발생한 지진의 지진 규모는 문헌 등에 기록된 피해 상황을 바탕으로 추정한 값이다.

지진이
많이 일어나는
지역의 특징은?

지구는 끊임없이 움직이는 암반으로 덮여 있다

일본은 세계적으로 지진이 많은 나라다. 21세기에만 해도 지진 규모 7 이상의 대형 지진이 12회나 발생했으며, 진도1 이상의 지진은 1년에 2,000회 이상 일어난다. 일본은 왜 이렇게 지진이 많이 발생하는 것일까?

지구의 표면은 두께 100킬로미터 정도의 거대한 암반으로 덮여 있다. 이 암반을 판(플레이트)이라고 부른다. 지구의 표면은 20개가 조금 못 되는 거대한 판으로 이루어져 있으며, 이 판은 계속 움직인다. 혹시 하와이가 조금씩 일본에 가까워지고 있다는 이야기를 들어 본 적이 있는가? 이것은 하와이가 올라탄 태평양판이 일본을 향해

◆ 태평양판과 북아메리카판

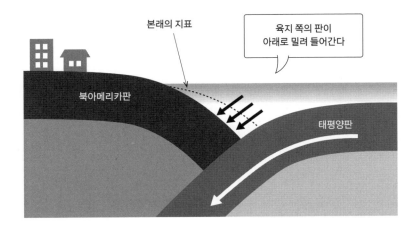

서 움직이고 있기 때문에 일어나는 현상이다. 전 세계에서 발생하는 다양한 지각 변동은 이 판과 밀접한 관계가 있다.

판의 움직임 때문에 발생하는 해구형 지진

일본은 세계에 20개가 채 안 되는 크고 작은 판 가운데 태평양판, 북아메리카판, 유라시아판, 필리핀해판이라는 네 개의 판 위에 위치하고 있다.

일본 부근에 있는 판의 움직임 때문에 일어나는 전형적인 지진은 해구형 지진으로 불린다. 해구海溝는 판 두 개가 겹치면서 생긴 수심 6,000미터 이상의 골짜기를 의미한다. 일본 해구는 태평양판이 북아메리카판 밑으로 가라앉으면서 형성된 것으로, 깊이가 8,000미터 이상에 이른다. 이곳에서는 태평양판이 가라앉음에 따라 북아메리카판도 함께 밀려 내려가며, 이러한 움직임 때문에 육지 쪽의 판이 일그러진다. 그러다 딱딱한 암반으로 구성된 판이 일그러짐을 견디지 못하고 원래의 위치로 돌아가려고 용수철처럼 반발하는데, 이때 튕겨 올라가는 힘이 육지에 전해져 지진이 일어나는 것이다.

또한 해저 아래에서부터 큰 힘이 가해지면 쓰나미나 높은 파도가 발생하기도 한다.

단층의 어긋남 때문에 발생하는 내륙형 지진

판에서 발생하는 힘은 그 위 지면 전체에 영향을 끼치며, 이 때문에 판의 표면에는 무수한 균열이 생긴다. 이것이 바로 단층이다. 단층은 어긋난 방향이 수직이냐 수평이냐에 따라 몇 가지 종류로 분류된다. 참고로 2016년에 일본의 구마모토 지진이 일어났을 때는 수평 단층이 발생했는데, 이로 인해 밭에 균열이 생겨 위치가 틀어진 사진이 공개되기도 했다.

단층의 어긋남이 원인이 되어서 발생하는 지진을 내륙형 지진이라고 한다. 지하에는 수많은 단층이 존재하지만 보통은 서로 빈틈없이 맞물려 있어서 움직이지 않는다. 그러나 여기에 큰 힘이 가해지면 다시 움직이는 경우가 있으며, 이 움직임이 진동으로 전해져 지

◆ 세 개의 트로프와 네 개의 판

북아메리카판

유라시아판

난카이 트로프

사가미 트로프

일본 해구

태평양판

스루가 트로프

필리핀해판

진이 된다.

　또한 반복적으로 활동해 왔고 미래에도 활동할 것으로 추정되는 단층을 활성 단층이라고 부르는데, 일본에는 현재 발견된 활성 단층 만 해도 2,000개가 넘는다.

가라앉은 판들의 경계면에 자리잡은 트로프

트로프Trough는 '해저 협곡'이라고도 하며, 해저에 있는 해구(바다 밑 바닥에 좁고 길게 도랑 모양으로 움푹 들어간 곳)와 비슷한 지형 중 수심 이 6,000미터 미만인 것을 가리킨다. 일본에는 난카이 트로프(필리 핀해판과 유라시아판이 만나는 지점), 스루가 트로프, 사가미 트로프가 존재한다. 세 트로프 모두 필리핀해판이 유라시아판과 북아메리카판의 밑으로 가라앉는 경계면에 자리잡고 있다.

일본 본토 남동부의 이즈반도는 과거에 태평양에 떠 있는 거대한 섬이었으며 현재의 이즈 제도 역시 일본 본토와 가까워지고 있는데, 이것은 필리핀해판이 일본을 향해서 계속 북상하고 있기 때문이다.

이 판들의 활발한 움직임이 거대한 지진을 일으킨다. 가령 규모가 가장 큰 난카이 트로프에서는 지진 규모 8이 넘는 거대 지진이 100~200년 주기로 발생하고 있다.

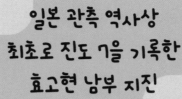

일본 관측 역사상
최초로 진도 7을 기록한
효고현 남부 지진

제2차 세계대전 이후 최초의 대도시 직하형 지진

1995년 1월 17일 오전 5시 46분, 아와지섬 북부의 깊이 16킬로미터 지점이 진원인 지진 규모 7.3의 지진이 발생했다. 이 지진으로 효고현의 고베·니시노미야·아시야·다카라즈카·아와지섬이 일본의 관측 역사상 처음으로 진도 7을 기록했다. 효고현 남부 지진(일명 한신·아와지 대지진)은 내륙에서 발생한 이른바 직하형 지진으로, 특히 막대한 피해를 입은 고베는 현대 일본에서 최초로 대지진에 휘말린 대도시가 되었다.

제2차 세계대전 이후 최초의 대도시 직하형 지진인 이 지진으로 주택 약 25만 채가 완파되거나 반파되었고 4만 4,000여 명이 부상

당했으며 6,437명이 희생되었다. 희생자 3,769명을 기록한 1948년의 후쿠이 지진과 5,098명을 기록한 1960년의 이세만 태풍(伊勢湾台風, 태풍 베라)을 능가하는, 당시로서는 제2차 세계대전 이후 최대 규모의 자연재해였다. 이세만 태풍이란 일본 기상청에서 이세만의 범람으로 인근 지역에 막대한 피해를 남긴 태풍에게만 붙이는 이름이다. 참고로 현재 가장 피해가 컸던 자연재해는 2011년에 발생한 도호쿠 지방 태평양 해역 지진이다.

사망 원인 중 77퍼센트가 압사

이 지진은 고속도로와 산요신칸센 고가교, 철근 빌딩 등 충분한 내진성을 갖춘 것으로 여겨졌던 많은 건축물을 쓰러트렸다. 주택의 경우는 약 10만 5,000채가 완파되었고 약 14만 4,000채가 반파되었다.

이때 화재도 발생했지만, 간토 대지진(1923년) 당시처럼 대형 화재로 발전하는 사태는 피할 수 있었다. 간토 대지진 당시에는 도쿄의 희생자 6만여 명 가운데 화재로 목숨을 잃은 사람이 거의 90퍼센트에 이르렀다.

많은 사람이 잠든 시간대에 지진이 발생한 탓에 강한 흔들림으로 무너지기 시작한 집에서 재빨리 빠져나온 사람들은 목숨을 구할 수 있었지만 그렇지 못한 사람들은 무너진 건물에 깔려 목숨을 잃었다.

그 결과 무너진 건물로 인한 압사가 사망 원인의 77퍼센트를 차지했다.

일본에는 건축물의 부지·설비·구조·용도에 대해 최소한의 충족 기준을 정해 놓은 건축 기준법이 있다. 건축 기준법은 1981년과 2000년에 대대적으로 개정되었는데, 특히 1981년의 대개정은 1978년에 발생했던 미야기현 해역 지진에서 교훈을 얻어 건물의 내진성을 크게 강화한 것이었다. 이를테면 연약한 지반에는 철근 콘크리트 기초를 사용한다거나 1950년의 건축 기준법에서 정한 내력벽의 양을 약 2배로 늘린다는 등의 내용을 담은 개정이 이루어졌다. 이에 따라 1981년 이전의 내진 기준을 '구 내진 기준', 이후의 기준을 '신 내진 기준'으로 구별하게 되었다.

실제로 효고현 남부 지진에서는 구 내진 기준으로 지은 건물인지, 신 내진 기준으로 지은 건물인지에 따라 피해 상황이 크게 달랐다. 구 내진 기준으로 지은 건물 중에서도 오래된 건물일수록 피해가 컸다.

지진 발생 4일 전 '고베 대지진 발생 가능성'을 예측한 과학 수업

당시 필자의 친구 가운데 고베 시립중학교에서 과학 교사로 교편을 잡고 있던 이가 있었다. 지질학과 과학 교육이 전문 분야인 그는 효고현 남부 지진이 발생하기 나흘 전인 1월 13일 과학 수업 시간에

'고베에서 대지진이 일어날 위험성은 없는가?'라는 주제로 수업을 실시했다. 그는 먼저 학생들에게 다음과 같은 사실을 이야기했다.

- 일본은 세계 최대의 지각 변동 지역이며, 세계에서 가장 지진이 많이 발생하는 나라다.
- 지진은 지각 변동의 한 순간으로, 산은 지진 발생으로 높아졌다.
- 지진은 지구 판들의 파괴이며, 파괴된 곳이 단층이다.
- 높은 산은 깎이고 지층이 모이는 분지는 가라앉는다. 대지는 굴곡을 크게 하는 운동과 침식·퇴적 등 굴곡을 줄이는 운동의 충돌로 형성되었다.

그런 다음 학생들이 사는 고베 지역의 롯코산과 오사카만에 주목하게 했다. 그리고 학생들에게 "최근 들어 홋카이도나 도호쿠 지방에서 지진이 자주 일어나고 있는 반면에, 고베 부근에서는 지진이 거의 일어나지 않고 있어. 그렇다면 고베에서 대지진이 일어날 위험성은 없는 것일까?"라고 물었다.

그러자 대부분의 학생이 "일어나지 않을 것이다"라고 대답했고, 소수만이 "일어날지도 모른다"고 대답했다. 다만 '일어날지도 모른다'고 대답한 소수의 학생조차도 진지한 대답이라기보다는 반대로 행동하고 싶어 하는 '청개구리' 심리인 경우가 많았다.

여담이지만, 훗날 그는 당시 고베 시민의 95퍼센트가 '대지진은 일어나지 않을 것'이라고 믿었다는 사실을 알게 되었다. 일어나지 않을 것이라고 대답한 학생이 압도적으로 많았던 것은 고베 시민의 인식이 반영된 결과가 아니었을까?

학생들의 대답을 들은 그는 롯코산과 평야의 경계에 수많은 (활성) 단층이 있음을 알려준 뒤, '고베에서 대지진이 일어날 가능성이 있다'가 아니라 '고베에서는 반드시 대지진이 일어난다'고 결론 내렸다.

그리고 한 학생이 "그렇다면 대지진은 언제 일어나나요?"라고 묻자 "내일일 수도 있고, 천년 후일지도 모르지"라고 대답한 뒤 이렇게 덧붙였다. "반드시 지진이 일어난다는 것만큼은 나의 교사 생명을 걸고 말할 수 있어. 일어나지 않는다면 내 말에 책임을 지지!"

학생들이 "에이, 천년 후에는 선생님도 돌아가시고 안 계시잖아요!"라며 반신반의하는 가운데, 한 여학생이 "선생님, 그 지진은 집이 무너질 만큼 굉장한 지진인가요?"라고 물었다. 이 질문에 그는 다시 한번 분명하게 대답했다.

"맞아. 일어난다면 직하형 지진일 테니까, 집이 무너질 만큼 큰 지진일 거야."

여기까지 이야기했을 때 수업 종료 벨이 울렸다고 한다.

그의 말은 '예언'이나 '예지'도 아니고, 대지진이 일어날 것 같다는 '예감'도 아니었다. 어디까지나 과학적인 근거에 바탕을 둔 '예측'이었다. 나중에 그는 "솔직히 말하면, 실제로 그렇게 빠른 시일 내에 충격적이고 비극적인 대지진이 일어나리라고는 생각하지 못했습니다"
라고 술회했다.

큰 규오의 여진이
수없이 반복된
니가타현 주에쓰 대지진

산사태와 주택 파괴로 3년간 피난 생활

2004년 10월 23일 오후 5시 56분, 갑작스러운 격진이 발생해 평화로운 저녁식사 시간을 한순간에 공포 분위기로 바꿔 놓았다. 기타우오누마군 가와구치정 북부의 깊이 약 13킬로미터 지점이 진원인 지진 규모 6.8의 지진이었다. 1955년 한신·아와지 대지진 이후 두 번째로 진도 7을 기록했다.

이 지진으로 가와구치정이 진도 7, 오지야시·야마코시촌·오구니정이 진도 6강, 도카마치시·호리노우치정·나카사토촌·스몬촌·가와니시정·고시지정·가리와촌·나가오카시·도치오시·미시마정·히로카미촌·이리히로세촌이 진도 6약을 기록했으며, 그 밖에도 진도 4에서 5강의 강한 흔들림이 니가타현의 광범위한 지역을 덮쳤다. 주택이 무너지고 산사태가 일어나 68명이 희생되었고, 중상자도 632명에 이르렀다. 주택의 피해도 커서 3,175채가 완파되고 1만 3,799채가 반파되었다.

진도 6강을 기록한 산간의 야마코시촌에서는 산사태로 마을이 고립되는 바람에 마을 주민 약 2,200명이 나가오카시에서 약 3년 동안 피난 생활을 해야 했다.

진원이 얕은 탓에 땅위의 흔들림은 강렬

이 지진의 특징으로는 여진이 많고 그 규모가 컸다는 점을 들 수 있다. 진도 6강에서 5약의 강한 여진이 본진本震 직후부터 수없이 반복되었고, 사람들은 빈발하는 여진으로 인해 두려움 속에서 생활해야 했다.

본진과 여진 모두 규모는 지진 규모 6대로 대지진이라고 부르기에는 조금 약했지만, 지진 발생 지점의 진원이 매우 얕았던 탓에 흔들림은 강렬했다. 본진뿐만 아니라 여진도 깊이 약 5~20킬로미터의 얕은 곳에서 단층이 어긋나면서 발생한 전형적인 직하형 지진이었다.

여진 활동의 장기화로 주택의 파괴와 토사 재해 등 2차 피해의 우려가 커지면서 날이 갈수록 피난민의 수가 증가해 한때는 10만 명을 넘기기도 했다. 이에 피난 생활로 지역 공동체가 붕괴된 결과 고독사가 증가했던 효고현 남부 지진 때의 교훈을 살려 마을별로 대피소에 입소시키거나 가설 주택 입주를 진행했다. 그럼에도 새로운 환경에 잘 적응하지 못하고 우울증이나 불안감을 호소하는 등 젊은 층에 비해 마음의 상처를 입기 쉬운 고령자들 사이에서 피난 생활의 스트레스로 인한 사망자가 증가했다.

3년 후 니가타현 주에쓰 해역에 또다시 지진 발생

2007년 7월 16일 오전 10시 13분, 니가타현 주에쓰 지방의 앞바다가 진원인 지진이 발생했다. 지진 규모는 6.8, 최대 진도는 6강으로, 2004년의 니가타현 주에쓰 지진에 이어 또다시 주에쓰 지방에서 지진 규모 6 이상인 동시에 진도 5약 이상인 지진이 발생한 것이다. 니가타현 나가오카시(오구니정 호자카), 가시와자키시(주오정·니시야마정 이케우라), 가리와촌, 나가노현 이즈나정 사미즈 지구에서 최대 진도 6강을 기록했으며 희생자는 15명이었다.

최대 진도 6강을 기록한 지역 중에는 가시와자키 가리와 원자력 발전소도 있었다. 이 발전소는 1호기부터 7호기까지 원자로 7기를 보유하고 있으며 합계 출력이 821만 2,000킬로와트에 이르는 세계 최대의 원자력 발전소다.

지진 당시 이 발전소에 설치된 지진계 중에는 진도 7을 기록한 것도 있었다고 하는데, 발전소는 어떻게 되었을까? 가동 중이던 2~4호기, 그리고 7호기는 지진이 발생하자 자동 정지했고, 1호기, 5호기, 6호기는 정기 점검을 위해 가동을 중지한 상태였다.

발전소에 설치되어 있는 지진계의 기록을 보면, 관측된 기록은 내진 설계 당시의 예상 가속도(단위 갈gal. 1갈=1센티미터/초²)를 웃돌았다. 가령 3호기 터빈 건물 1층에서는 예상했던 834갈을 크게 웃도는 2,058갈을 기록했으며, 이 때문에 3호기의 변압기 부근에서 부동 침하(불균일한 침하)로 화재가 발생했으나 오후 12시 10분경에 진화되었다. 또한 자연에 존재하는 방사성 물질과 비교했을 때 소량이어서 환경에 영향이 없는 수준이기는 했지만 방사성 물질이 누출되었음도 확인되었다.

그 밖의 피해로는 6호기 원자로 건물의 천장 크레인 구동축이 손상되었고, 저수준 방사성 폐기물이 들어 있는 드럼통 약 400개가 쓰러졌으며, 이 가운데 수십 개는 뚜껑이 열렸다. 부지 곳곳에서 액상화 현상(지진으로 생긴 진동 때문에 지반이 다량의 수분을 머금어 액체와 같은 상태로 변하는 현상)이 나타나고 사용 후 핵연료 저장조의 물이 새는 등 수십 건의 문제상황과 피해가 발생했다.

엄청난 쓰나미로 후쿠시마 원전 사고를 일으킨 동일본 대지진

커다란 흔들림이 장시간에 걸쳐 계속되다

동일본 대지진은 2011년 3월 11일 오후 2시 46분경에 발생했다. 진원은 미야기현 오시카반도에서 동남동으로 약 130킬로미터 떨어진 산리쿠 해역의 깊이 약 24킬로미터 지점이었다. 지진 규모는 9.0으로, 일본에서 관측이 시작된 이래 최대 규모이자 미국 지질조사국의 정보를 기준으로 서기 1900년 이래 전 세계에서 발생한 지진 가운데 네 번째 규모인 초거대 지진이었다.

　미야기현 북부의 구리하라시에서 최대 진도 7이 관측되었고, 그 밖에 미야기현·후쿠시마현·이바라키현·도치기현 등에서는 진도 6강이 관측되었으며, 홋카이도에서 규슈 지방에 걸쳐 진도 6약에서 진도 1이 관측되었다. 이 지진의 특징은 커다란 흔들림이 장시간에 걸쳐 계속된 점이다.

그 후에도 강한 진동을 동반한 여진이 다수 관측되었다. 이후 발생한 여진은 최대 진도 6강이 2회, 최대 진도 6약이 3회, 최대 진도 5강이 17회, 최대 진도 5약이 51회, 최대 진도 4가 327회(2019년 3월 1일 현재)였다.

동일본 대지진으로 인한 희생자는 1만 9,225명, 행방불명자는 2,614명에 이르렀다. 이 둘을 합친 2만 1,839명은 그전까지 제2차 세계대전 이후 가장 많은 희생자를 낸 효고현 남부 지진(1995년)의 6,437명을 크게 웃도는 수치다.

일본 역사 전체를 살펴봐도 이보다 많은 피해자를 낸 자연재해는 거의 같은 수준인 2만 1,959명의 희생자를 낸 메이지 산리쿠 지진 쓰나미(1896년)와 약 4만 1,000명의 희생자가 나온 것으로 추정되는 메이오 지진(1498년), 그리고 약 10만 5,000명의 희생자를 낸 간토 대지진(1923년)뿐이다.

한편 완파된 건물은 12만 4,684호, 반파된 건물은 27만 5,077호였다.

가장 많은 사망자를 낸 쓰나미의 무시무시한 위력

이 지진의 영향으로 거대한 쓰나미가 발생해 이와테현과 미야기현,

후쿠시마현을 중심으로 한 태평양 연안부를 덮쳤다.

각지를 덮친 쓰나미의 높이는 후쿠시마현 소마시에서 9.3미터 이상, 이와테현 미야코시에서 8.5미터 이상, 오후나토시에서 8.0미터 이상, 미야기현 이시노마키시 아유카와에서 7.6미터 이상이 관측되었고(기상청 검조소), 미야기현 오나가와 어항漁港에서는 14.8미터나 되는 쓰나미의 흔적도 확인되었다(항만공항기술연구소). 또한 처오름 높이(육지의 사면을 타고 올라온 쓰나미의 높이)는 오후나토시 료리만에서 일본 관측 역사상 최대인 40.1미터가 관측되었다(전국 쓰나미 합동조사그룹).

희생자의 사망 원인 중 90퍼센트 이상이 이 무시무시한 쓰나미로 인한 것이었다.

처오름높이 40.1미터는 수십 층짜리 빌딩의 높이와 맞먹는다. 그 전까지 메이지 시대(1867~1912년) 이후의 최대 기록은 메이지 산리쿠 지진으로 발생한 쓰나미(1896년)에서 관측된 38.2미터였다. 기록이 드문 메이지 시대 이전을 포함하면 현지에서는 메이와 시대(1764~1772년)의 거대 쓰나미로 불리는 야에야마 지진(1771년) 당시 발생한 쓰나미의 처오름높이가 이시가키섬에서 30미터 정도를 기록한 것으로 추정된다. 이 쓰나미로 야에야마 제도 전역에서 1만 명에 이르는 희생자가 나왔다고 한다.

고령층의 지진 관련 사망 증가

진도 5강이 관측된 수도권에서는 대중교통의 운행이 중지되는 바람에 많은 사람이 귀가에 어려움을 겪는 사태가 발생했다. 걸어서 귀가하려는 사람들로 인도는 인산인해를 이루었고, 귀가가 어려워진 사람들이 근무처나 역 주변 혹은 도쿄도가 설치한 임시 수용시설 등에서 하룻밤을 보냈다.

간토 지역에서는 이바라키 · 지바 · 도쿄 · 사이타마 · 가나가와의 넓은 범위에서 액상화 현상이 나타났고, 도시생활에 필요한 수도, 전기, 가스, 통신 같은 라이프라인이 일시 정지되는 피해가 발생했다. 도쿄 전력의 관할 지역에서는 2011년 3월 14일부터 28일에 걸쳐 계획 정전이 실시되었다.

원자력 발전소는 물론이고 화력 발전소도 지진의 직접적인 영향을 받았기 때문에 화력 발전소의 안전 확인을 마치고 어떻게든 발전이 가능한 수준까지 수리하는 동안 전력 공급량이 대폭 감소한 데 따른 조치였다.

지진이 발생한 지 3개월이 지났을 무렵, 피난 생활자의 수는 약 12만 5,000명에 이르렀다. 피난 생활은 피난민에게 커다란 스트레스를 준다. 피난 생활로 인한 건강 악화와 자살 등은 '지진 관련 사망'으로 인정된다. 부흥청의 집계에 따르면 지진 발생 후 2018년 9월 말까지 전국에서 3,701명이 지진 관련 사망자로 인정되었다. 연령별로는 약 90퍼센트가 66세 이상의 고령자이며, 시기별로는 지진으로부터 일주일간이 472명, 이후 1개월간이 741명, 이후 3개월간이 682명이었다. 전체의 75퍼센트가 지진 발생 후 1년 이내에 사망했다.

도쿄 전력 후쿠시마 제1원자력 발전소의 사고

이 지진과 쓰나미로 인해 도쿄 전력 후쿠시마 제1원자력 발전소가 중대 사고를 일으켰고, 그 결과 경계 구역(사고 원전 반경 20킬로미터권 내에 설정한 강제 피난 구역)과 계획적 피난 구역(사고 원전 반경 20킬로미터권 밖의 자발적 피난 구역)에 살던 사람들은 다른 곳으로 피난을 가야 했다.

우라늄이나 플루토늄 등에 중성자를 충돌시키면 중성자를 흡수해 불안정해진 결과 본래의 원자핵보다 작은 두 개 이상의 원자핵으로 핵분열을 일으키는데, 이때 화학 반응과는 비교도 안 될 만큼 거대한 에너지가 방출된다.

원자력 발전에서 실제로 핵분열을 통해 에너지를 방출하는 것은 원자로 압력 용기에 들어 있는 핵연료로, 약 3퍼센트로 농축한 우라늄-235가 사용된다. 이 핵연료는 지르코늄이라는 금속의 합금으로 만든 피복관 속에 펠렛(연료를 구워서 굳힌 것. 말하자면 도자기)의 형태로 들어 있다. 펠렛의 핵분열이 만들어내는 열로 물을 고온·고압의 수증기로 만든 다음, 그 수증기로 발전기에 연결된 터빈을 돌려서 발전을 한다.

원자력 발전소는 핵분열 반응을 '멈추고', 연료를 '식히며', 방사성 물질을 '가두는' 방법으로 유사시에도 안전을 확보할 수 있도록 설계되어 있다. 그러나 원자로 여섯 기가 있었던 도쿄 전력 후쿠시마 제1원자력 발전소에서는 이 지진과 지진으로 발생한 쓰나미로 인해 '식힌다'와 '가둔다'라는 기능이 작동하지 않게 되었고, 그 결과 중대 사고로 이어졌다.

가동 중이었던 후쿠시마 제1원자력 발전소의 1호기부터 3호기가 긴급 정지했다. 제어봉이 삽입됨에 따라 핵분열 연쇄 반응은 중단되었다. 이제 다음 단계로 냉각을 시켜서 붕괴열을 제거해야 한다. 붕괴열이란 우라늄의 핵분열로 생성된 파편(다양한 원자핵으로 구성된 방사성 핵종)이 방사선을 방출하며 붕괴했을 때 내는 열이다. 이 열은 원자로를 정지시켜도 거대한 열원이 되기 때문에 냉각시키지 못하면 그 붕괴열로 연료봉의 온도가 계속 상승하며, 이것이 큰 문제를 일으킨다.

그래서 핵분열 연쇄 반응이 정지해도 원자로의 연료를 계속 냉각시켜야 하는데, 긴급 노심爐心 냉각 장치를 작동시키는 비상용 디젤 발전기가 망가져 버렸다. 그 결과 1호기부터 3호기에서는 원자로 정지 후에 필요한 노심의 냉각(붕괴열의 제거)이 진행되지 못했고, 노심 용융(원료인 우라늄을 용해하고 이때 발생하는 열로 원자로의 밑바닥을 녹이는 일)이 발생했다.

압력 용기에 들어 있는 물은 붕괴열 때문에 점점 수증기가 되어서 용기 내의 압력을 높이며, 버틸 수 없는 수준에 이르면 용기가 파열되거나 금이 가게 된다. 이번에는 어떻게든 버텨냈지만, 압력 용기 속의 방사성 물질이 포함된 수증기가 격납 용기로 나와 격납 용기의 압력을 높였다. 그래서 통풍구의 밸브를 열어 원자로 안의 수증기를 빼고 압력을 낮추는 작업(벤트)을 실시했다. 물론 벤트 작업으로 내부의 방사성 물질이 포함된 기체가 원자로 건물, 나아가 외부로 방출되었다.

냉각 실패 시 발생할 우려가 있는 사태는 또 있다. 바로 수소 폭발이다. 피복관을 지르코늄으로 만드는 이유는 지르코늄이 중성자를 잘 흡수하지 않기 때문이다. 중성자를 흡수하는 재료를 사용하면 중성자를 효과적으로 이용해 핵분열 연쇄 반응을 일으키는 과정에 어려움이 따른다. 그러나 지르코늄은 온도가 약 섭씨 850도를 넘어서면 물과 반응해 수소를 발생시키며 산화지르코늄이 된다.

이번 사고에서는 이렇게 해서 다량의 수소가 발생한 것으로 생각된다. 그 수소는 격납 용기, 나아가 건물로 방출되었다. 수소는 공기와 섞여서 4퍼센트가 넘으면 폭발 한계에 이르며, 어떤 이유로 불이 붙으면 화학적 폭발(수소와 산소가 단번에 격렬하게 반응하는 현상)이 일어난다.

결국 1호기와 3호기에서는 수소 폭발이 일어나 건물 일부가 파괴되었다. 2호기의 경우는 1호기의 수소 폭발 충격으로 원자로 건물

상부 측면의 패널이 열리는 바람에 수소가 외부로 배출되어 원자로 건물의 폭발은 피한 것으로 추정된다. 2호기는 벤트에 실패해 격납 용기에서 직접 방사성 물질이 포함된 기체가 누출되었다.

4호기는 지진 발생 전에 원자로를 멈추고 물을 순환시켜서 냉각하는 수조에 핵연료를 저장한 상태였는데, 이것도 냉각수가 감소해 붕괴열로 연료의 일부가 파손된 듯하다.

원자로를 겹겹이 싸고 보호하던 벽은 무너졌다. 피복관이 망가지면 펠렛이 노출되며, 그 일부는 고체에서 액체가 되거나(용융) 입자 상태가 되어서 낙하한다. 이렇게 해서 원자력 발전소의 사고 중에서도 최악인 7등급의 중대 사고가 일어난 것이다.

사라진 해변 마을,
침묵에 빠진 산골 마을을 둘러본 후기

2011년 4월 말부터 5월 1일에 걸쳐 센다이시에서 1박, 고리야마시에서 1박을 하며 후쿠시마 원고 사고 재해 지역의 일부를 둘러봤다. 현지의 과학 교사 친구들이 현장을 안내해 줬다.

센다이에서는 나토리시 유리아게를 둘러본 다음 게센누마로 북상했고, 바다를 건너 게센누마 오시마섬에도 다녀왔다.

고리야마에서는 가와우치촌으로 들어가서 가쓰라오 촌립 가쓰라오중학교, 나미에정 쓰시마의 DASH촌(텔레비전 방송 프로그램 〈더! 철완鉄腕! DASH〉에 나온 후쿠시마 DASH촌의 무대)의 입구까지 갔다. 그리고 이타테촌을 경유해 미나미소마시에 들른 다음, 해안을 따라서 북상하며 가시마와 이소베를 둘러봤다.

이것이 쓰나미의 피해인가!

센다이의 시가지는 지진으로 붕괴된 부분이 곳곳에 있기는 해도 대부분 정상적인 생활이 가능한 듯했다. 그런데 해안과 가까운 쓰나미 피해 지역은 양상이 완전히 달랐다. 처음에 돌아본 곳은 나토리시 유리아게였다. 유리아게圌上에서 유리에 해당하는 한자 '수圌'는 일본 전국에서 이곳에만 사용되는 한자라고 한다. 에도 시대(1603~1867년에 걸친 일본의 시대 구분) 센다이번의 4대 번주 다테 쓰나무라가 다이넨지라는 사찰의 문을 통해서 멀리 동쪽에 있는 유리아게 해변을 바라보며 "문 안쪽으로 물이 보이니, 문門 안에 물水을 넣은 한자를 사용하도록 하라"고 지시했다는 이야기를 들으면서 유리아게로 향했다. 본래는 해변의 저지대였던 모양이다.

유리아게가 가까워지자 밭에 널브러진 잔해와 파편들이 눈에 띄기 시작했다. 그리고 얼마 후 자동차는 여기저기에서 중장비가 잔해를 치우고 있는 장소에 도착했다. 주위에 집은 거의 보이지 않았고, 잔해들도 어느 정도 정리가 되어 거의 아무것도 없이 시야가 확 트인 너른 벌판이 펼쳐져 있었다. 한 건물은 1층의 두꺼운 콘크리트만 남아 있고, 2층은 주거지의 흔적만 보일 뿐, 내부가 엉망이 되어 잔해만 잔뜩 쌓여 있었다.

약간 높은 언덕에 올라가서 주위를 둘러봤다. 본래는 주거 밀집 지역이었다고 한다. 어항에는 건물이 조금 남아 있었지만, 그마저도 간신히 무너지지 않고 서 있는 느낌이었다. 언덕에서 내려와 집들의 기초를 살펴봤다. 그 부근에는 가족이 함께 즐거운 나날을 보냈을 장면을 떠올리게 하는 놀이 도구 등 여러 가지 물건이 굴러다니고 있었다.

쓰나미가 할퀴고 간 게센누마의 시가지

필자는 사고 발생 4개월 전에 게센누마를 방문한 적이 있었다. 당시 게센누마의 시가지에 갔을 때만 해도 주택들이 평범하게 들어서 있었다. 그러나 항구가 가까워지자 풍경은 완전히 달라졌다. 모든 집이 형태만 겨우 남아 있을 뿐 내부는 잔해로 가득 차 있었다.

바다를 건너 오시마섬으로 가는 페리에서는 남부의 저지대에 있었던 건물의 대부분이 쓰나미에 쓸려가 버린 모습을 확인할 수 있었다. 커다란 석유 탱크도 쓰러져 있었다. 그곳에는 쓰나미가 100파 이상 밀려왔다 빠져나가기를 반복했고, 그때마다 불타는 배 등이 밀려와서 육지에 불을 붙였다고 한다.

항구에는 화재로 숯덩이가 된 배 세 척이 묶여 있었고, 육지에도 중형선이 올라와 있었다.

방사선 선량계의 바늘이 최대치를 넘어서는 장소

당시는 후쿠시마 제1원자력 발전소에서 20킬로미터 권내가 출입 금지 지역으로 지정된 지 얼마 안 된 무렵이었다. 가와우치촌 보건복지의료 복합시설 유후네 부근의 묘지에는 지진으로 비석들이 쓰러져 있었다.

이어서 텔레비전 방송에 등장해 유명해진 쓰시마의 DASH촌 입구에 가 봤다. 문은 닫혀 있었는데, 문 부근에서 초당 25.4마이크로 시버트가 계측되었다. 초당 9.9마이크로시버트까지 계측할 수 있는 선량계는 바늘이 최대치 눈금에서 멈춰 버렸다.

가와우치촌, 가쓰라오촌, 나미에정, 이타테촌에서는 검문소를 제외하면 자동차만 몇 대 오갈 뿐 인적을 발견할 수 없었다.

숲과 논밭 사이로 맑고 차가운 강이 흐르고, 벚꽃과 목련, 버들목련이 꽃을 피우고 있었지만, 그곳은 침묵의 마을로 변해 있었다.

소나무 숲이 뿌리째 뽑힌 처참한 광경

미나미소마시 가시마, 소마시 이소베의 쓰나미 피해 지역도 처참한 광경이었다. 마지막으로 둘러본 소마시 이소베촌은 150세대 정도가 완파된 상태였다. 공공시설인 소마 해변 '자연의 집'은 형체조차 찾아볼 수 없었고, 자연의 집 본관에는 소나무 여러 그루가 꽂히듯 밀려들어와 있었다. 광활한 소나무 숲의 소나무들은 대부분 뿌리째 뽑혀서 쓸려 내려간 상태였다.

재해 지역들은 하나같이 가슴이 아플 만큼 참혹한 모습이었다.

자연의 집 근처에서 문득 발밑을 내려다보니 개미들이 열심히 집을 재건하고 있었다. 두껍게 쌓인 모래 때문에 집이 망가진 모양이었다. 그 모래들 사이로 수선화도 꽃을 피우고 있었다.

지진 재해 사례 ④

일곱 번의 강진과
2,000번의 여진을 기록한
구마모토 지진

오랜 기간, 넓은 지역에 걸쳐 대규모 여진 빈발

2016년 4월 14일 오후 9시 26분, 구마모토현 구마모토 지방에 지진 규모 6.5, 최대 진도 7의 지진이 발생했다. 진원의 깊이는 11킬로미터였다(전진). 그리고 4월 16일 새벽 1시 25분에는 같은 위치가 진원인 지진 규모 7.3, 최대 진도 7의 지진이 발생했다. 진원의 깊이는 12킬로미터였다(본진).

이 지진의 특징은 두 차례에 걸친 진도 7의 지진과 함께 구마모토현과 오이타현을 중심으로 3일 동안 진도 6을 다섯 차례나 기록했을 뿐만 아니라 과거의 직하형 지진과 비교해도 장기간에 걸쳐 규모가 큰 여진이 빈발한 것이다. 지진이 발생하고 5일 동안 사람이 느

◆ 구마모토 지진(진도 6약 이상)

발생일	발생 시각	진도	진앙의 지명
4월 14일	오후 9시 26분	진도 7	구마모토현 구마모토
	오후 10시 7분	진도 6약	구마모토현 구마모토
4월 15일	오전 0시 3분	진도 6강	구마모토현 구마모토
4월 16일	오전 1시 25분	진도 7	구마모토현 구마모토
	오전 1시 45분	진도 6약	구마모토현 구마모토
	오전 3시 55분	진도 6강	구마모토현 구마모토
	오전 9시 48분	진도 6약	구마모토현 구마모토

낄 수 있는 지진만 2,000회에 이르렀다.

  2016년 4월 14일 오후 9시 26분 이후에 발생한 진도 6약 이상의 지진은 위의 표와 같다. 전진과 본진 모두 진도 7이 관측된 것은 현재의 일본 기상청 진도 등급이 제정된 이래 처음이었다. 이 지진은 여진이 잦은 데다 지진 활동 지역이 넓었던 것을 특징으로 들 수 있다. 본진이 발생한 뒤로 구마모토현 구마모토 지방의 북동쪽에 위치한 아소 지방에서 오이타현 서부에 걸친 지역과 오이타현 중부 지역에서도 지진이 빈발해, 구마모토 지방을 합쳐 세 지역에서 활발한 지진 활동이 관측되었다.

구마모토성에도 큰 피해를 입힌 대지진

구마모토 지진의 희생자는 273명이었다. 이들은 무너진 건물에 깔리거나 산사태에 휩쓸리는 등 지진과 관련하여 목숨을 잃었다. 또한 8,867동의 건물이 완전히 파괴되었으며, 일본의 유명한 성 중 하나인 구마모토성도 건물이 쓰러지고 튼튼한 돌담이 무너지는 등 큰 피해를 입었다.

구마모토성은 약 400년 전인 센고쿠 시대(15세기 말에서 16세기 말에 걸친 일본의 시대 구분-옮긴이) 말기에 지어졌다. 에도 시대부터 남아 있는 우토야구라라는 망루와 축성자인 가토 기요마사의 이름을 따서 '기요마사류'라 부르는 돌담이 유명하다. 천수각은 일본의 마지막 내전인 세이난 전쟁 당시 불타 버렸기 때문에 1960년에 재건되었다. 구마모토 지진으로 특히 피해가 컸던 것은 돌담이었다. 천수각은 그나마 철근 콘크리트 건조물로 재건된 덕분에 건물 자체는 손상이 적었지만 최상층의 기와는 거의 떨어져 버렸다.

구마모토 지진으로 수많은 피난민이 발생했다. 구마모토현에서만 최대 18만 3,882명, 오이타현에서는 1만 2,443명이 피난한 것으로 기록되어 있다.

본진은 후타가와 단층대에서 일어났는데, 일본 정부의 지질조사 연구추진본부가 실시한 활성 단층 평가를 보면 그 단층대에서 일어날 수 있는 가장 큰 규모의 지진은 지진 규모 7.0~7.2 정도이며 앞으로 30년 이내에 그런 지진이 일어날 확률은 0~0.9퍼센트 혹은 알 수 없다고 한다. 구마모토 지진의 전진이나 여진의 영향으로 움직였을 단층대에서 거대 지진이 일어날 확률 역시 현재로서는 알 수 없다. 즉, 앞으로 30년 이내에 대지진이 일어날 확률은 낮지만 일본 열도 어디에서든 대지진이 일어날 가능성이 있음이 드러났다고 할 수 있다.

일본 열도
어디에서든
큰 지진이
일어날
가능성이
있구나!

대도시에서
진도 7 이상의 대지진이
일어난다면?

지진 발생 직후 건물과 도로는 어떻게 될까?

일본에서 인구 100만 명이 넘는 대도시로는 도쿄도 23구, 요코하마시, 오사카시, 나고야시, 삿포로시, 고베시, 후쿠오카시, 가와사키시, 교토시, 사이타마시, 히로시마시, 센다이시 등이 있다. 이 도시들 중에는 최근에도 간토 대지진, 도난카이·난카이 지진, 효고현 남부 지진, 후쿠오카현 서쪽 해역 지진, 동일본 대지진 등으로 큰 피해를 입은 곳이 많다. 또한 최근에는 피해를 입지 않았지만 삿포로 근처의 쓰키사무 단층, 히로시마의 이쓰카이치 단층처럼 지진이 발생할 가능성이 있는 활성 단층과 가까운 도시도 있다.

그런 점에서 볼 때 일본에서 지진이 일어나지 않는다고 장담할 수 있는 대도시는 한 곳도 없다.

대도시에서 1923년에 발생한 간토 대지진급, 즉 진도 7의 대지진이 일어난다고 가정하고 최악의 피해 유형을 생각해보자.

긴급 지진 속보 등을 접하고 책상 밑으로 몸을 피할 시간적 여유가 있다면 다행이지만, 심하게 흔들릴 때는 아무런 행동도 하지 못한다.

건물도 격렬하게 흔들린다. 1981년 6월 1일에 건축 기준법이 개정되면서 새로운 내진 기준이 설정되어 진도 7에도 무너지지 않는 건물이 많아졌지만, 대도시에는 여전히 과거의 내진 기준만을 충족하는 오래된 건물이 많다. 이처럼 내진성이 낮고 노후된 빌딩이나 아파트, 목조 건축물은 대부분 무너지거나 중간층이 압력에 짓눌려 무너질 것으로 예상된다.

또한 지반의 액상화로 건물이 침하되거나 기울 것이다. 산이나 언덕 근처에서는 산사태도 일어난다. 실내에서는 건물이 무너지거나 가구·사무 기구 등이 움직이는 바람에 많은 사람이 죽거나 다치거나 산 채로 매몰되고, 정지한 엘리베이터에 갇히는 사람도 많이 생긴다.

사람이 많이 모이는 환승역이나 지하상가에서는 심한 흔들림에 놀란 사람들이 출입구로 몰려가거나 넘어지면서 일시에 군중이 몰려 수많은 압사자가 속출한다. 도로에서는 벽돌담이 무너지고 간판과 유리창이 떨어지며 전신주와 도로 표지판, 자동판매기가 쓰러진다. 땅이 크게 갈라져서 그사이에 끼는 사람이 생길지 모른다. 그리고 도로를 따라 부설된 상수도와 하수도, 전력, 도시가스, 전화선 등의 인프라가 끊어져 대지진 발생 후 피해 지역 주민들의 생활을 어렵게 만든다.

고속도로에서는 도로가 마치 살아 있는 생물처럼 꿈틀거리며, 이 때문에 자동차가 공중에 떴다가 측벽이나 다른 자동차와 충돌한다. 내진 설계가 안 된 부분에서는 교각이 파괴되어 고가도로가 낙하하는 사태가 일어날 수 있다. 전철도 곳곳에서 바퀴가 공중에 뜨거나 탈선해 쓰러지며, 고속철도도 빠른 속도로 달리는 까닭에 큰 피해를 입는다.

항만에서는 내진 설계가 안 된 안벽岸壁이 함몰·융기·파괴되고 크레인이 손상되며 방파제가 침하되고 액상화로 안벽 표면에 피해가 발생하면서 기능이 정지된다. 또한 공항에서는 액상화로 지반이 침하되고 성토·절토가 붕괴하면서 활주로와 부대시설이 사용 불능 사태에 빠진다.

대형 화재와 화염 소용돌이에 쓰나미로 인한 수몰 가능성까지

공장이나 점포 등에서 사용 중인 난로류, 히터, 취사용 레인지 등의 화기류가 파손되고, 휘발유나 알코올, 누출된 가스 등 기화하기 쉬운 연료에 불이 붙어 큰 화재가 발생한다. 물론 근처에 있는 사람이 초기 진화를 하는 경우도 드물지 않겠지만, 화재가 확대되는 곳도 늘어난다.

많은 도로가 멈춰 선 차량이나 쓰러지고 떨어진 물건 때문에 소방차조차 지나갈 수 없게 되어 화재 진화활동이 불가능해진다. 곳곳에서 발생한 화재가 큰 규모로 번지면서 합체해 화재선풍火災旋風이라는 화염 소용돌이를 일으키고 화염의 규모가 200미터 넘게 확대되기도 한다. 간토 대지진 당시는 육군 피복 창고 터에 피난했던 사람들에게 화재선풍이 덮쳐서 3만 8,000명이 목숨을 잃는 사고가 있었다.

화재선풍이 발생하면 그 근방의 생존 확률은 매우 낮아진다. 또한 불이 나면 동시에 연기가 발생하며, 화학 건축 자재가 불타면 독가스를 뿜어낸다. 고속도로에서는 충돌한 자동차에서 화재가 발생하고 1979년에 일어난 니혼자카 터널 화재 같은 사고도 여러 건 발생한다. 집단 생산 시설이 있는 콤비나트에서도 폭발이나 대형 화재가 일어난다.

대도시에는 수많은 불씨가 존재한다. 특히 저지대가 많고 해발 이하인 제로미터 지대도 있다. 그리고 도시의 지하에는 지하철과 지하도가 있다. 그런 곳들은 지진 발생 후 수 분에서 수 시간 후 쓰나미에 휩쓸려 수몰된다. 또한 항만이나 해안 근처의 공항도 쓰나미 때문에 사용이 불가능해진다.

지진 발생 후 한동안은 사용이 가능하던 휴대폰도 정전과 함께 기지국 비상 전원의 연료가 고갈되면서 기능이 정지되는 지역이 확대된다.

최악의 경우에는 마을을 버려야 할 수도

지진 발생 후, 건물의 피해와 여진에 대한 불안감, 가족에 대한 걱정으로 많은 사람이 대피소나 자택을 향해 이동하기 시작한다. 그러나 교통수단이 대부분 멈출 것이므로 도보로 이동하게 된다.

2011년 동일본 대지진 당시에는 교통 두절로 귀가가 곤란해진 사람들이 많이 발생해 간선도로가 자동차와 보행자로 넘쳐났는데, 다행히 도쿄는 피해가 적었기에 10시간 가까이 걸어서라도 귀가할 수는 있었다. 그러나 큰 피해가 발생했다면 이동하는 것도 쉬운 일이 아닐 테고 피난 가능한 시설이 줄어들기 때문에 대피소가 크게 부족해지는 상황이 벌어진다.

또한 라이프라인이 다수 파괴된 탓에 대피소 운영도 어려워진다. 그래서 많은 사람이 대피소에 들어가지 못하는 상황이 발생하며 치안이 악화될 뿐만 아니라 생활환경이 악화되어 재해 관련 사망자가 다수 발생한다. 이때 라이프라인이 회복되면서 전력 복구 과정에서 통전 화재通電火災(파손된 전자제품이나 전기배선에 다시 전류가 통하면서 발화해서 일어나는 화재)가 발생하기도 한다.

대도시에서 대지진이 발생하면 그 밖에도 많은 일이 일어난다.

주가 폭락, 물가 급등, 기업의 도산 등 경제 측면에서도 큰 피해가 발생한다. 최악의 경우에는 마을을 버려야 할지도 모른다.

현재 일본에서는 각지에서 지진이 발생하고 있으며, 난카이 트로프 지진에 대한 불안감이 해가 갈수록 커지고 있다. 언제 대지진이 일어나더라도 내 몸을 지킬 수 있도록 개인 차원에서 만전의 대책을 세워 놓아야 할 것이다.

지진으로
건물이 기울어지는
지반 액상화의 공포

땅의 표면이 액체가 된다?

대지진이 일어나면 산골짜기나 구릉지에서는 산사태 등 사면이 무너지는 피해가 발생한다. 그에 비해 평지에서는 건물 같은 인공물의 피해가 두드러질 뿐 자연의 모습이 크게 달라지는 현상은 없는 것처럼 느껴진다. 그러나 실제로는 수많은 대지진에서 지반의 액상화와 분사噴砂 현상이 발견되었으며, 이런 현상들이 건물 등의 피해를 한층 키우기도 한다.

　액상화는 지진의 흔들림으로 언뜻 단단해 보이는 지반이 마치 액체처럼 되는 현상을 의미한다. 그 결과 건물이나 도로가 침하하거나 기우는 피해가 발생하고, 수도관이나 맨홀이 떠올라서 단수되거나

◆ 액상화의 원리

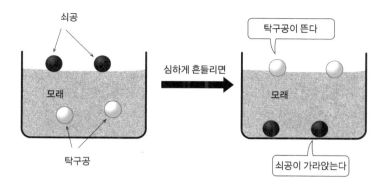

오물이 배수되지 않는 등 라이프라인이 영향을 받는다.

또한 지표면이 점토층으로 덮여 있으면 지하에서 액상화가 일어났을 때 수압이 높아져서 땅속의 모래와 함께 지하수가 분출되는 분사 현상이 일어난다. 대규모 분사 현상이 일어나면 지하에 공동空洞이 생겨 지면이 함몰하고 만다.

액상화는 왜 일어날까?

간단한 실험으로 액상화의 원리를 살펴보자. 위의 그림에서처럼 용기에 탁구공을 집어넣고 그 위에 마른 모래를 붓는다. 그리고 모래 위에 쇠공을 놓는다. 쇠공을 세게 누르면 모래 속에 어느 정도 파묻히지만, 그대로 두면 모래 사이에 마찰력이 작용하기 때문에 쇠공이 모래 속으로 완전히 파묻히지는 않는다.

◆ 액상화 현상이 일어날 때 지반의 변화

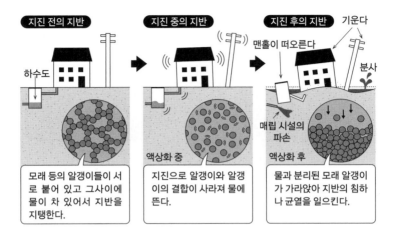

지진 전의 지반	지진 중의 지반	지진 후의 지반
모래 등의 알갱이들이 서로 붙어 있고 그사이에 물이 차 있어서 지반을 지탱한다.	지진으로 알갱이와 알갱이의 결합이 사라져 물에 뜬다.	물과 분리된 모래 알갱이가 가라앉아 지반의 침하나 균열을 일으킨다.

그러나 이 용기를 짧게 그리고 세게 흔들면 쇠공과 탁구공이 움직이기 시작한다. 한동안 계속 흔들면 마치 물속에 쇠공과 탁구공을 넣은 것처럼 탁구공은 모래 표면에 모습을 드러내고 쇠공은 용기 바닥으로 가라앉는다.

용기에 채운 모래는 용기가 흔들림으로써 모래의 마찰력이 작용하지 않게 되며, 그 결과 마치 액체 같은 상태가 된다. 그래서 모래보다 가벼운 탁구공은 떠오르고 무거운 쇠공은 가라앉는 것이다.

대지진이 일어날 때의 액상화 현상에는 물이 관여하기 때문에 지진이 일어났다고 해서 반드시 액상화 현상이 나타나지는 않지만, 위의 그림과 비슷한 원리로 일어난다.

액상화가 일어나기 위한 조건

일본의 지방자치단체가 공표한 지반 피해(액상화) 해저드맵(재해 예측 지도)을 살펴보면 같은 지역 안에서도 액상화가 일어날 가능성이 높은 장소와 낮은 장소가 있음을 알 수 있다. 다음과 같은 조건이 겹치면 액상화 현상이 일어날 가능성이 높아진다.

① 무른 모래 지반

같은 모래 지반이라도 단단한 지반에서는 액상화가 잘 일어나지 않으며, 무를수록 액상화가 일어날 가능성이 높아진다. 또한 점토 지반에서는 액상화가 잘 일어나지 않는다.

② 물을 머금은 모래 지반

지하수의 수위가 높은 경우나 큰비가 내려서 지반에 수분이 많이 들어 있을 때는 액상화가 일어날 가능성이 높아진다.

③ 큰 지진으로 인한 흔들림

지진으로 인한 흔들림이 일정 수준 이상 커지지 않는다면 액상화는 일어나지 않는다. 그러나 흔들리는 시간이 길수록 액상화가 일어날 가능성은 높아진다.

①, ②의 조건에 해당하는 토지로는 본래 바다나 강, 늪, 연못이었던 곳을 메운 장소, 골짜기를 흙으로 덮은 조성지, 사철이나 자갈을 채굴하던 곳을 다시 메운 장소 등이 있다.

액상화로 인한 피해를 줄이기 위해서는 자신이 살고 있는 장소가 어떤 지반인지를 알고, 필요하다면 적절한 액상화 대책을 세우는 것이 중요하다.

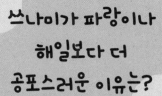
쓰나미가 파랑이나
해일보다 더
공포스러운 이유는?

쓰나미가 지닌 압도적 에너지

과거에 발생한 쓰나미의 피해와 쓰나미 높이의 관계를 살펴보면, 쓰나미의 심각성을 짐작할 수 있다. 목조 주택의 경우는 1미터 정도 침수될 때부터 부분 피해가 발생하고 2미터가 되면 전파에 이른다.

또한 0.5미터 정도만 침수되더라도 선박, 목재 등 표류물이 직접 부딪치면 건물에 피해가 생길 수 있다. 사실 몇 미터를 넘어서는 높은 파도는 평소에도 종종 발생한다. 대체 쓰나미는 파랑波浪(높은 파도)이나 해일과 무엇이 다른 것일까?

강한 바람이 불어서 생기는 해면의 커다란 물결이나 넘실거림을 파랑이라고 한다. 또한 저기압 등의 영향으로 바닷물이 빨려 올라

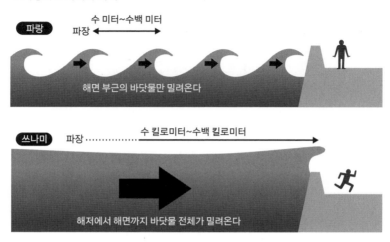

◆ 파랑과 쓰나미와 차이

파랑
파장 ◄─► 수 미터~수백 미터
해면 부근의 바닷물만 밀려온다

쓰나미
파장 ············· 수 킬로미터~수백 킬로미터 ──────►
해저에서 해면까지 바닷물 전체가 밀려온다

가면 해수면이 높아지는 폭풍해일이 발생한다. 수 미터가 넘는 높은 파도나 육지로 바닷물이 넘쳐 들어오는 해일도 물론 침수 피해를 일으키지만, 쓰나미의 피해에는 미치지 못한다.

쓰나미도 파랑도 해일도 전부 높은 파도임에는 틀림이 없다. 다만 파랑과 해일은 바다의 표면에서 일어나는 현상인 데 비해 쓰나미는 해저에서부터 해면까지 바닷물 전체가 짧은 시간에 변동하면서 그것이 주위에 물결의 형태로 퍼져 나가는 현상이다. 이처럼 파랑이나 해일에 비해 쓰나미가 지닌 에너지가 압도적으로 큰 까닭에 커다란 피해를 불러오는 것이다.

또한 쓰나미는 파장이 길어서 육지 안쪽까지 침입한다. 바다와 이

◆ 1868년 이후에 쓰나미를 발생시켜 큰 피해를 입힌 주요 지진

발생 시기	명칭	지진 규모 (M)	쓰나미 피해가 컸던 곳	사망자·행방 불명자 수
1896년	메이지 산리쿠 지진	8.2	홋카이도에서 미야기현의 태평양 연안	21,959명
1933년	쇼와 산리쿠 지진	8.1	홋카이도에서 미야기현의 태평양 연안	3,064명
1944년	도난카이 지진	7.9	엔슈나다 연안에서 기이 반도	1,223명
1945년	미카와 지진	6.8	엔슈나다 연안에서 기이 반도	1,961명
1946년	난카이 지진	8.0	엔슈나다 연안에서 기이 반도·시코쿠·규슈의 태평양 연안	1,443명
1960년	칠레 지진	9.5	태평양 쪽 연안 지역	142명
1968년	도카치 해역 지진	7.9	홋카이도에서 도호쿠 북부의 태평양 연안	52명
1983년	동해 중부 지진	7.7	홋카이도에서 아키타현의 동해 연안	104명
1993년	홋카이도 남서 해역 지진	7.8	홋카이도 오쿠시리토섬·오시마반도 서안	230명
2011년	동일본 대지진	9.0	홋카이도에서 간토 지방의 태평양 연안	22,252명

* 동일본 대지진의 사망자 및 행방불명자는 2019년 3월 8일 현재의 숫자다.

어진 강에서는 수 킬로미터나 강물이 역류해서 상류 지역에 피해를 입힌다. 게다가 쓰나미가 빠져나갈 때는 오랜 시간 지속되기 때문에 수 킬로미터 연안까지 떠내려간다.

일본 기상청에서는 예상되는 쓰나미의 높이가 0.2미터를 넘으면

'쓰나미 주의보', 1미터를 넘으면 '쓰나미 경보', 3미터를 넘으면 특별 경보인 '대형 쓰나미 경보'를 발령한다.

쓰나미 상습 발생 지대는 어디일까?

2011년 3월 11일에 발생한 동일본 대지진이 일으킨 쓰나미는 상상을 초월하는 피해를 불러왔다. 앞의 표는 1868년부터 2019년까지 일본을 덮친 대형 쓰나미를 정리한 것이다. 제2차 세계대전 중에 발생한 1944년의 도난카이 지진과 1945년의 미카와 지진은 보도를 포함해서 기록이 거의 없으며, 제2차 세계대전 이후인 1946년의 난카이 지진 역시 전쟁 피해와 함께 기록되어 있는 까닭에 피해의 실태가 정확히 알려지지 않았다.

그러나 이 점을 감안하더라도 동일본 대지진으로 발생한 쓰나미는 관측 역사상 최대 규모로, 메이지 산리쿠 지진의 쓰나미와 함께 한층 피해가 컸던 것으로 기록되었다.

일본 기상청이 기록을 남기기 이전에 발생한 거대 지진이나 대형 쓰나미도 고문서 등을 통해 양상을 파악할 수 있다. 특히 에도 시대 이후의 사료는 당시 정부기관의 기록뿐만 아니라 민중의 기록도 다수 남아 있어서, 사람들이 재해에 맞서는 모습과 복구 상황까지 확인할 수 있다. 또한 그보다 더 오래된 사료에 관해서는 지질 조사 결과와 대조함으로써 신뢰성 있는 기록으로 만드는 연구도 진행 중이다.

헤이안 시대(794~1185년)의 역사서인《일본 삼대 실록》에는 서기 869년에 도호쿠 지방에서 발생한 조간 산리쿠 지진으로 센다이 평야가 바닷물로 채워질 정도의 거대한 쓰나미가 발생했다는 기록이 남아 있다. 이를 증명하듯 최근에 실시된 발굴 조사 결과 해안에서 4킬로미터 이상 떨어진 내륙에서 조간 쓰나미가 원인으로 추정되는 모래 퇴적층이 발견되었다.

또한 조사를 진행한 결과 과거 3,000년 동안 센다이 평야에 조간 쓰나미와 맞먹는 거대 쓰나미가 세 차례 몰려왔음이 밝혀졌으며, 그 발생 간격은 대략 800년에서 1,000년으로 추정되었다. 원래는 2011년 4월에 이러한 연구 성과를 '지진 활동의 장기 평가'에 반영하고 주의를 촉구할 예정이었는데, 그전에 거대 지진의 발생과 함께 대형 쓰나미가 밀려오고 말았다.

대지진과 쓰나미는 주기적으로 발생한다?

해양판은 매년 수 센티미터라는 일정한 속도로 대륙판 밑으로 가라앉는데, 가라앉을 때 대륙판을 끌고 들어간다. 끌려 들어간 대륙판에는 뒤틀림으로 인한 변형이 축적되고, 이것이 한계를 넘어서면 뒤틀림이 해방되면서 지진이 발생한다. 이때 판의 끝부분이 크게 움직이기 때문에 바닷물도 그에 따라 크게 움직여서 쓰나미가 발생한다.

또한 판이 일정한 속도로 움직이는 까닭에 뒤틀림도 일정한 속도

◆ 판과 쓰나미 발생의 메커니즘

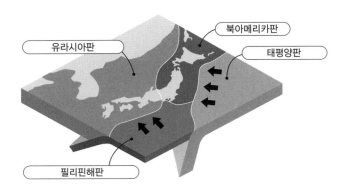

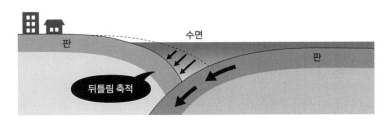

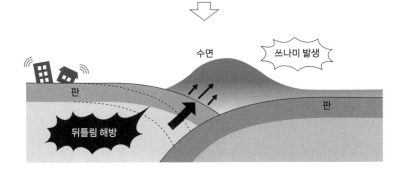

로 축적되고, 그 결과 주기적으로 지진이나 쓰나미가 발생한다.

진도는 크지 않아도 대형 쓰나미를 일으키는 '쓰나미 지진'

쓰나미 지진이란 흔들림이 크지 않음에도 대형 쓰나미를 발생시키는 지진을 말한다. 뒤틀림이 해방되는 움직임이 느려도 지반이 크게 움직이면 거대한 쓰나미가 발생한다. 1896년에 발생한 메이지 산리쿠 지진은 조금 흔들리는 약한 지진이었다. 그런데 지진이 발생하고 30여 분이 지났을 즈음에 거대한 쓰나미가 육지를 덮쳤고, 전혀 예상치 못한 쓰나미에 2만 명이 넘는 희생자가 나왔다.

1605년의 게이초 지진 역시 쓰나미가 발생해 수많은 사망자가 발생했지만 지진 자체의 피해는 작았기 때문에 쓰나미 지진이었을 가능성이 높아 보인다.

◆ 주기적으로 발생하는 해구형 지진

사가미 트로프의 과거 지진(M8 정도)

1293년　에이닌 지진
1703년　겐로쿠 지진
1923년　다이쇼 지진(간토 대지진)

간토 남부 지방에서 일어난 그 밖의 지진

18세기 말부터 현재까지 9회

〈대표적인 지진〉
1855년 안세이 에도 지진
1894년 메이지 도쿄 지진

히로시마　오카야마　고베　교토　나고야　시즈오카　도쿄

기타큐슈

오사카　하마쓰　사가미 트로프

후쿠오카　고치

구마모토　난카이 트로프　스루가 트로프

일본해구

난세이제도해구

난카이 트로프의 과거 지진

1361년　쇼헤이 도카이 지진
1361년　쇼헤이 난카이 지진
1498년　메이오 지진
1605년　게이초 지진(쓰나미 지진?)
1707년　호에이 지진
1854년　안세이 도카이 지진
1854년　안세이 난카이 지진
1944년　쇼와 도난카이 지진
1946년　쇼와 난카이 지진

30년 이내에 지진이 일어날 확률이 높다

※ 지진조사연구추진본부 2020년 1월 발표 자료에서

'활성 단층' 위에
건설된 원자력
발전소가 있다!?

지진의 화약고 활성 단층이란?

효고현 남부 지진(1995년, 한신·아와지 대지진)이 일어났을 때 "한신·고베와 아와지의 활성 단층이 움직였다"라고 보도되면서 많은 사람이 '활성 단층'이라는 용어를 처음 접하게 되었다. 이 지진을 계기로 '단층'과 '활성 단층'이 주목받은 결과 일본 열도가 지진의 활동기에 접어들었다는 이야기가 나왔다.

지진은 지하의 암석에 힘이 가해져 파괴되면서 그 진동이 사방으로 퍼져 나가는 것이다. 암석이 파괴되면 금이 가면서 그 양쪽의 암반 위치가 서로 어긋나게 되는데, 그 어긋남을 단층이라고 하며 지진은 단층이 움직여서 일어난다고도 할 수 있다. 그리고 앞에서도 설명했지만, 단층 중에서도 최근에 움직인 적이 있거나 앞으로 움직일 가능성이 있는 단층을 '활성 단층'이라고 부른다.

일본 열도에는 약 2,000개의 활성 단층이 있으며, 활성 단층에는 항상 힘이 가해지고 있어서 그 힘을 더는 견딜 수 없게 되면 다시 움직여 지진을 일으킨다. 활성 단층이 움직여서 발생한 효고현 남부 지진에서는 '노지마 단층'이 수평으로 1~2미터, 수직으로 0.5~1.2미터나 움직였다. 지하의 비교적 얕은 위치에서 활성 단층이 움직임에 따라 발생하는 지진은 우리가 살고 있는 곳의 바로 밑에서 일어나기 때문에 '직하형 지진'이라고 불리며, 땅이 흔들리고 지표면이 갈라져서 매우 큰 피해를 불러온다.

활성 단층이 과거 어느 시기에 움직였는지를 조사하면 다음번 지진은 언제쯤 일어날지를 어느 정도 예측할 수 있다.

활성 단층 문제를 부각시킨 후쿠시마 제1원자력 발전소

스즈키 야스히로가 쓴 《원자력 발전소와 활성 단층: '예상 밖'은 용납되지 않는다》를 참고하여 살펴보자.

토지 바로 아래의 활성 단층(롯코·아와지 활성 단층)이 움직여서 효고현 남부 지진이 일어나자 원자력 발전소와 활성 단층의 관계에 대한 우려가 높아졌다. 그리고 활성 단층을 인정하는 기준이 느슨한 탓에 원자력 발전소의 입지를 선정할 때 활성 단층의 위험을 간과하고 있다는 지적이 나왔다. 그 계기는 2006년에 히로시마대학교 다나카 다카시 명예교수가 시마네 원자력 발전소 근처에서 트렌치 조사(도랑을 판 다음 그 벽면에 보이는 지층을 면밀하게 관찰하는 방법)를 통해 길이 18킬로미터의 활성 단층을 확인하면서다.

그 활성 단층의 규모는 시마네 원자력 발전소의 내진 설계를 넘어선 것이었다. 주고쿠 전력은 단층 규모가 8킬로미터(이후 10킬로미터)라고 주장해 설치 허가를 받았다. 당시에는 길이 10킬로미터인 단층에서 일어날 수 있는 지진의 최대 규모가 지진 규모 6.5라고 생각했다. 그리고 이것은 설계할 때 활성 단층의 유무와 무관하게 가정하는 지진 규모였기에 길이 10킬로미터의 단층은 있든 없든 상관이 없었다.

일반인들을 대상으로 원자력 발전소의 안전성을 홍보하는 책자에는 "활성 단층 위에는 원자력 발전소를 짓지 않습니다"라고 분명하게 적혀 있지만, '거대 지진이나 대형 쓰나미는 어지간해서는 일어나지 않으니 괜찮겠지', '가능하면 지진과 쓰나미 대책에 들어가는 비용을 줄이는 것이 좋겠지'라는 생각이 우선되었을 것이다.

2011년 동일본 대지진이 발생한 다음 날, 도쿄 전력 후쿠시마 제1원자력 발전소가 격렬한 수소 폭발을 일으켰다. 이 지진은 500~1,000년 만에 발생한 거대 지진이었다. 그 뒤로 활성 단층 바로 위에 지은 원자력 발전소의 문제가 부각되었다. 또한 동일본 대지진이 일어난 지 1개월 뒤인 4월 11일에 후쿠시마의 하마도리에서 여진 혹은 유발 지진으로 여겨지는 지진이 발생했는데, 도쿄 전력이 활성 단층으로 인정하지 않았던 단층이 크게 움직였다. 이에 구 원자력 안전·보안원은 전국의 원자력 발전소 근처에 있는 활성 단층을 재점검했고, 활성 단층일 가능성이 간과된 사례가 있음을 지적했다.

기존의 원자력 발전소는 입지가 정해진 뒤에 활성 단층을 조사했기 때문에 활성 단층의 존재를 부정하거나 규모를 축소하는 사례가 잦았던 듯하다. 일단 원자력 발전소의 개발이 시작되면 궤도를 수정하기가 어려운 측면이 있다. 가령 쓰루가 원자력 발전소의 경우, 부지 내 지하를 지나가는 호저湖底 단층은 활성 단층이 아니라며 1호기를 설치했다. 이후 재검토 없이 2호기를 설치했고 3호기와 4호기의 증설을 신청했다. 그런데 활성 단층일 가능성을 암시하는 자료가 있어서 트렌치 조사를 실시한 결과, 매우 분명한 활성 단층임이 밝혀졌다.

활성 단층을 과소평가한 실제 사례

스즈키 야스히로가 쓴 앞의 책에는 활성 단층을 과소평가한 실제 사례로 이미 이야기한 시마네 원자력 발전소 주변의 가시마 단층(가시마정 '신지' 지역의 이름을 따서 '신지가시마 단층'으로도 불림), 쓰루가 원자력 발전소 근방의 호저 단층 이외에도 다음과 같은 사례가 소개되어 있다.

시카 원자력 발전소 주변의 해저 활성 단층

호쿠리쿠 전력은 시카 원자력 발전소 주변 해역의 해저 활성 단층을 길이 6~7킬로미터 정도의 짧은 단층으로 3분할하고 전체가 동시에 움직일 일은 없다고 주장했다. 그러나 그 활성 단층이 노토반도 지진(2007년 3월)을 일으켰고, 예상을 뛰어넘는 강한 흔들림이 원자력 발전소를 덮쳤다. 노토반도에는 그 밖에도 다수의 활성 단층이 분포하고 있다.

가시와자키 가리와 원자력 발전소 근해의 해저 활성 단층

도쿄 전력의 가시와자키 가리와 원자력 발전소는 니가타현 주에쓰 해역 지진(2007년 7월)으로 부지 내에 현저한 지반 변형이 일어나는 등의 큰 피해를 입었다. 그러나 진원 단층에 관해 기본적인 정보가 좀처럼 결론이 나지 않았다.

원자력 발전소 설비 허가 신청서에 있는 음파 탐사 기록을 확인한 스즈키 야스히로 등은 설치 허가를 신청할 때 해저 활성 단층을 간과했다는 사실을 발견했다. 도쿄 전력은 당시 "죽은 단층으로, 단층의 길이가 짧아서 영향은 적다"라고 주장했지만, 실제 길이는 약 5배에 이르렀다.

시모키타반도 주변의 해저 활성 단층

시모키타반도에는 도호쿠 전력 히가시도리 원자력 발전소, 도쿄 전력 히가시도리 원자력 발전소(건설 중), 일본 원연 롯카쇼촌 원자 연료 재활용 시설이 있으며, 덴겐 개발이 시모키타반도의 오마정에 새로운 원자력 발전소의 개발을 추진하고 있다.

시모키타반도의 연안 지역에는 해저 활성 단층이 다수 존재하며 일부는 육지와 연결되어 있는 것으로 추정되지만, 현시점에서는 내진 설계를 할 때 거의 고려되지 않고 있다.

시모키타반도의 동쪽 해역에는 길이 100킬로미터나 되는 뚜렷한 대륙붕 외연 단층이 있다. 지금까지는 비활성 단층으로 생각되어 왔는데, 도쿄대학교의 이케다 야스타카 박사는 반사법 탐사 결과를 바탕으로 이것이 명백한 활성 단층이라고 주장했다. 롯카쇼촌 원자 연료 재활용 시설의 바로 아래에는 이 단층에서 파생된 롯카쇼 단층이 있으며, 도쿄대학교의 와타나베 미쓰히사 교수는 이 단층이 지형을 변형시키고 있다고 지적했다.

또한 히가시도리 원자력 발전소에서는 부지 내 단층이 많으며, 원자력 규제위원회는 2013년 5월의 평가회의에서 그중 다수가 내진 설계를 할 때 고려해야 하는 활성 단층이라고 평가했다. 그 밖에도 오마 원자력 발전소의 주변 해안에서는 지진성 융기의 흔적이 확인되었다.

언론에 보도된 원자력 발전소와 활성 단층

원자력 발전소의 안전성에 관해서는 원자력 규제위원회가 도쿄 전력 후쿠시마 제1 원자력 발전소 사고(2011년)의 교훈을 반영해 제정한 새 규제 기준에 입각해 심사하고 있다. 사고 이후에 정기 검사 등으로 가동을 멈춘 원자력 발전소는 이 심사에 합격해야 다시 가동할 수 있다.

새 규제 기준에서는 부지 주변에 있는 활성 단층이나 난카이 트로프 지진 같은 해구형 거대 지진으로 발생할 수 있는 흔들림을 가정하고, 예상 가능한 최대의 흔들림에 노출되더라도 건물이나 시설의 안정성에 영향을 받지 않을 것을 요구한다.

스즈키 야스히로의 책이 출판된 이후에도 원자력 발전소와 활성 단층에 관한 소식이 언론에서 꾸준히 보도되고 있다. 이를테면 다음과 같은 언론 보도가 있었다.

히로시마 고등법원, 시코쿠 전력 이카타 원자력 발전소 3호기의 운전 금지 가처분 결정

2020년 1월 17일, 히로시마 고등법원이 시코쿠 전력 이카타 원자력 발전소 3호기(에히메현 이카타정)의 운전 금지를 인정하는 가처분 결정을 내렸다. 히로시마 고등법원은 원자력 발전소의 근처에 있는 활성 단층과 화산의 영향 평가에 의문이 있으며, 이카타 원자력 발전소의 부지 근처에 활성 단층이 있을 가능성을 부정할 수 없다고 지적했다.

시코쿠 전력은 이카타 원자력 발전소 1호기와 2호기의 폐로를 결정한 상태이며, 사법 판단이 뒤집히기 전까지는 3호기를 가동할 수 없다.

원자력 발전소의 '미지의 활성 단층' 대책 강화를 위한 규제 기준 개정

2019년 7월 11일의 정례 회의에서 원자력 규제위원회는 전국의 원자력 발전소에 요구하는 '미지의 활성 단층'에 대한 대책 강화와 관련된 규제 기준을 2020년 2월경에 개정하기로 결정했다. 이에 따라 전력 회사는 내진성을 재평가해야 하며, 원자력 규제위원회는 2019년 10월에 전력 회사의 의견을 청취하고 유예 기간을 설정했다.

새로운 개정에서는 지진에 대한 대책으로서 주로 '원자력 발전소 주변에 존재하는 활성 단층으로 인한 지진'과 '미지의 활성 단층으로 인한 지진'에 대한 내진성을 요구하는데, 가장 영향을 많이 받을 것으로 예상되는 곳은 규슈 전력의 겐카이 원자력 발전소(사가현)와 가와우치 원자력 발전소(가고시마현)다.

대부분의 원자력 발전소는 주변의 커다란 활성 단층이 움직여서 지진이 일어날 경우 강한 흔들림을 예상한 내진성을 갖추고 있지만, 주변에 큰 활성 단층이 없는 규슈 전력의 두 원자력 발전소는 미지의 활성 단층으로 인한 지진의 흔들림을 내진성의 새로운 기준으로 삼아야 한다.

부지 내 활성 단층의 유무가 재가동 심사의 초점이 된 원자력 발전소

홋카이도 전력의 도마리 원자력 발전소를 둘러싸고는 홋카이도 전력과 "부지 내의 단층이 활성 단층일 가능성을 부정할 수 없다"라는 규제위원회의 견해가 대립하고 있다(2020년 1월 현재).

부지 내 활성 단층의 유무가 재가동 심사의 초점이 된 곳으로는 일본 원자력 발전의 쓰루가 원자력 발전소(후쿠이현)와 호쿠리쿠 전력의 시카 원자력 발전소(이시카와현)가 있다. 원자력 규제위원회가 두 원자력 발전소와 관련해서 구성한 지식인 회의는 2015년과 2016년에 정리한 평가서에서 부지 내에 활성 단층이 있을 가능성을 지적했다.

쓰루가 원자력 발전소에 관해서는 2호기의 지하에 활성 단층이 있다고 결론을 내렸다. 시카 원자력 발전소에 관해서는 1호기 지하에 있는 단층의 경우 '활성 단층으로 해석하는 것이 합리적'이며, 2호기 근방의 단층도 '활동했을 가능성이 있다'고 평가했다.

일본 열도 어디든 큰 피해를 불러오는 대지진이 일어날 가능성이 존재한다. 또한 일본 주변에서 일어나는 지진의 85퍼센트는 해저가 진원이다. 따라서 태평양과 동해 연안은 거대 쓰나미에 휩쓸릴 위험성이 있다.

지진 가능성이 있는 곳에 위치한 원자력 발전소는 특히 안전성이 요구된다. 원자력 발전소는 물론이고, 불특정 다수가 이용하는 학교나 병원 등도 활성 단층 바로 위에는 짓지 못하도록 법으로 금지해야 한다.

2장

불을 내뿜는
화산 폭발의 공포

한시도 감시를
게을리할 수 없는
활화산과 화산대

당장 분출할 수도 있는 화약고, 활화산

화산 지대에 위치한 일본 열도에는 세계적으로 손꼽히는 수많은 화산이 있다. 화산이 만들어내는 절경은 관광 명소가 되어 사람들을 불러들이지만, 화산이 내뿜는 연기를 보거나 유황 냄새를 맡으면 지구가 살아 있음을 실감하는 동시에 지금 당장 분화가 일어나지는 않을까 하는 불안감도 느끼게 된다.

활화산·휴화산·사화산이라는 말이 사용된 적이 있었다. 분화 활동을 보이는 화산을 활화산, 과거에 분화 기록이 있는 화산을 휴화산, 분화 기록이 없는 화산을 사화산이라고 불렀다. 그러나 휴화산이나 사화산으로 불리는 화산이 분화하는 사례가 관찰됨에 따라 지

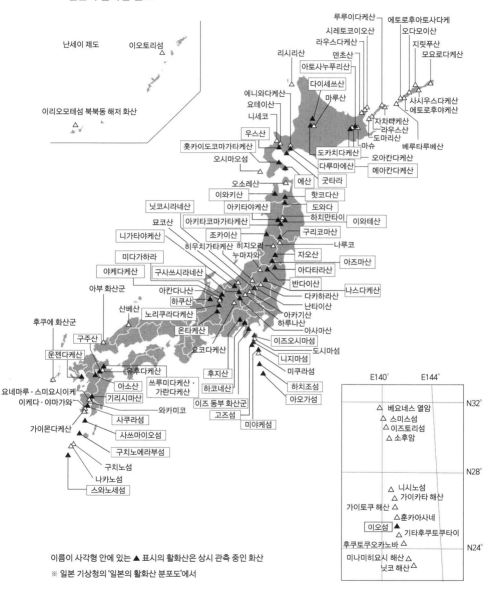

◆ 일본의 활화산 분포

난세이 제도
이오토리섬
이리오모테섬 북북동 해저 화산

루루이다케산
시레토코이오산
라우스다케산
덴초산
리시리산
아토사누푸리산
에니와다케산
다이세쓰산
요테이산
마루산
니세코
자차타케산
우스산
라우스산
홋카이도코마가타케산
도마리산
오시마오섬
마슈
도카치다케산
베루타루베산
오아칸다케산
다루마에산
메아칸다케산

오소레산
에산
굿타라
이와키산
핫코다산
닛코시라네산
아키타야케산
도와다
묘산
아키타코마가타케산
하치만타이
이와테산
니가타야케산
조카이산
구리코마산
미다가하라
히우치가타케산 히지오리
나루코
야케다케산
누마자와
자오산
아즈마산
아부 화산군
구사쓰시라네산
아다타라산
아칸다나산
반다이산
나스다케산
하쿠산
다카하라산
산베산
노리쿠라다케산
난타이산
후쿠에 화산군
온타케산
아카기산
구주산
요코다케산
하루나산
운젠다케산
이즈오시마섬
아사마산
도시마섬
유후다케산
니지마섬
요네마루·스미요시이케
아소산
후지산
미쿠라섬
이케다·야마가와
기리시마산
하코네산
하치조섬
가이몬다케산
와카미코
이즈 동부 화산군
아오가섬
사쿠라섬
고즈섬
사쓰마이오섬
미야케섬
구치노에라부섬
구치노섬
나카노섬
스와노세섬

에토로후아토사다케
오다모이산
지릿푸산
모요로다케산
사시우스다케산
에토로후야케산
쓰루미다케산·가란다케산

E140°   E144°

△ 베요네스 열암   N32°
△ 스미스섬
△이즈토리섬
△ 소후암

△ 니시노섬   N28°
△ 가이카타 해산
가이토쿠 해산 △
△훈카아사네
이오섬 ▲
△ 기타후쿠토쿠타이
후쿠토쿠오카노바 △   N24°
미나미히요시 해산 △
닛코 해산 △

이름이 사각형 안에 있는 ▲ 표시의 활화산은 상시 관측 중인 화산
※ 일본 기상청의 '일본의 활화산 분포도'에서

금은 이런 분류법을 사용하지 않는다.

현재 일본 기상청에서는 지금도 분화 활동을 계속하고 있는 화산과 앞으로 분화할지도 모르는 화산을 포함해 111개를 '활화산'으로 공표했다. 모든 화산에 대해 미래에 분화할 가능성을 미리 판단하는 것은 어렵지만, 분화로 입을 피해를 최소화하기 위해서는 필요한 일이다.

본래 일본에서는 과거 2,000년 이내에 분화한 적이 있는 화산을 포함한 68개의 화산을 활화산으로 분류했었다. 그러나 연구가 진행되면서 휴면 기간이 그보다 긴 화산도 있다는 사실을 알게 되었고, 2002년에 '대략 과거 1만 년 이내에 분화한 화산과 현재 활발한 분기噴氣 활동을 보이는 화산'으로 활화산을 재정의했다. 이에 따라 활화산의 수는 108개가 되었으며, 현재는 111개가 활화산으로 지정되었다.

재해 방지 위해 활화산 관측 체제 강화

활화산에는 분화 가능성이 낮은 것에서부터 현재에도 계속 분화하고 있어 한시도 감시를 게을리할 수 없는 것에 이르기까지 다양한 화산이 포함된다. 재해 방지를 위해서는 분화의 조짐을 파악해 분화 경보 등을 적확히 발표해야 하지만, 활화산의 수가 늘어나면 모든 활화산을 똑같이 관측하기는 어려워진다.

◆ 화산대

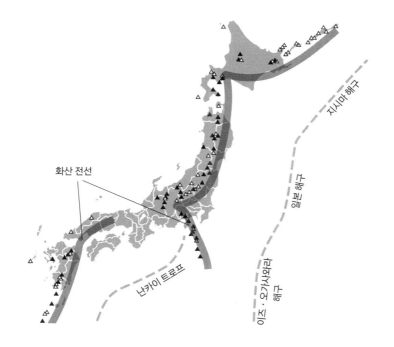

화산 전선

지시마 해구

일본 해구

이오가사와라 · 해구

난카이 트로프

　2009년, 화산분화예지연락회火山噴火予知連絡会(일본 전역의 화산 활동
에 대한 종합적 검토와 화산 분화시 방재 대응에 기여하는 기관)는 '화산
재해의 방지를 위해 감시·관측 체제를 충실히 해야 할 화산' 47곳
을 선정했다. 그리고 기상청에서는 이들 화산을 24시간 체제로 관
측·감시해 왔다.

　그러나 2014년 9월에 온타케산이 분화했을 때는 적절한 경보를
발령하지 못했다. 그런 점에서 화산 분화를 미리 아는 것은 여전히

어려운 일이다. 이에 따라 같은 해에 '온타케산 분화 재해의 교훈을 담은 활화산 관측 체제 강화에 관한 긴급 제언'이 발표되었고, 3개의 화산을 추가한 50개 활화산의 관측 체제를 강화되었다.

한편, 활화산의 분포를 보면 해구 또는 트로프와 평행하게 줄지어 분포하고 있음을 알 수 있으며, 이 열에서 해구 쪽으로는 활화산이 존재하지 않는다. 이처럼 트로프와 나란히 줄지어 분포한 활화산의 열을 '화산대'라고 부른다.

시속 100킬로미터로 사람을 덮치는 화쇄류의 위력

일본에는 많은 화산이 있다. 기상청이 활화산으로 번호를 매긴 것만 해도 111개나 된다. 그리고 이 화산들은 때때로 인간의 상상을 초월하는 거대한 재해를 일으킨다.

용암류, 화쇄류火碎流(화산에서 분출한 화산 쇄설물과 화산 가스의 혼합물이 빠르게 흐르는 현상), 화산이류火山泥流(화산 쇄설물이 많은 물과 섞여 산 밑으로 빠르게 흘러내려 가는 현상), 산체山體 붕괴, 지진, 화산성 쓰나미, 화산 가스 등이 직접적으로 사람들을 덮칠 때가 있다. 또한 분화로 분출된 암석이나 화산재가 쌓인 곳에 큰비가 내리면 토석류나 이류가 발생해 하류의 마을을 집어삼키기도 한다.

특히 큰 규모의 분석噴石(화산에서 나온 용암이 식어서 굳은 것), 화쇄류, 용설형 화산이류는 분화와 거의 동시에 발생해 사람들이 피할 여유를 주지 않기 때문에 생명을 크게 위협한다. 그런 이유로 기상청은 분석, 화쇄류, 용설형 화산이류 세 가지를 방재 대책상 가장 중요도가 높은 화산 현상으로 지정하고 있다.

이 무서운 현상들 중에서도 화쇄류는 특히 역사가 기록되기 이전부터 인류에게 막대한 피해를 안겨 주었다. 화쇄류란 분화로 방출된 용암의 파편이나 화산재가 화산 가스와 함께 중력의 작용으로 산을 타고 빠르게 흘러내려 오는 현상으로 화산쇄설류라고도 한다. 화쇄류의 속도는 시속 100킬로미터가 넘을 만큼 빠르기 때문에 자동차로 도망치기도 쉽지 않다. 또한 온도가 수백 도에 달할 때도 있어서 건물이나 자동차, 사람을 삽시간에 불태워 버린다. 일본에서는 1991년에 나가사키현 시마바라시의 운젠 후겐다케산에서 발생해 43명의 목숨을 앗아간 화산 분화를 계기로 화쇄류가 일반에 알려지기 시작했다.

칼데라의 거대한 분화는 어떻게 일어날까?

사실 과거에 운젠 후겐다케산의 화쇄류와는 비교도 되지 않을 만큼 거대한 화쇄류가 발생한 적이 있다. 바로 칼데라가 분화했을 때다.

칼데라는 본래 크게 파인 땅을 가리키는 말로, 스페인어로 큰 솥이라는 의미다. 일본의 경우 주로 홋카이도, 도호쿠 지방과 규슈 지방에 다수의 칼데라가 존재한다. 거대 규모의 분화로 대량의 마그마가 분출했을 때 지하에 마그마가 고여 있었던 곳에 빈 공간이 생기면서 그 공간을 메우기 위해 지면이 움푹 들어간 결과 칼데라가 만들어진다. 칼데라 형성 후에는 다시 분화 활동이 일어나 아소산처럼 중앙에 화구 언덕이 생기기도 하고 사쿠라섬처럼 외륜산 근처에 새로운 화산이 생기기도 한다.

또한 칼데라가 대규모로 화산 활동을 할 때는 초거대 분화로 대량의 화쇄류가 발생해 주위를 모조리 파괴하기도 한다. 모두 역사가 기록되기 이전에 일어난 일이긴 하지만, 다음 세 가지가 칼데라 대분화의 대표적 사례로 꼽힌다.

먼저 약 9만 년 전 아소 칼데라에서 일본 최대 규모의 초거대 분화가 일어나 화쇄류가 현재의 기타큐슈 일대를 괴멸시키고 일본 전역을 화산재로 뒤덮었다. 또 약 2만 9,000년 전에는 아이라 칼데라에서 거대 분화가 일어났는데, 화쇄류가 일주일 동안 현재의 가고시마현 전역을 뒤덮어 평평한 지형으로 만들었다. 이때 생겨난 것이 바로 현재의 시라스 대지台地다. 그리고 마지막 사례는 7,300년 전 가고시마현 본토와 야쿠섬 사이에 있는 해저의 기카이 칼데라 대분화다. 이때 흘러나온 화쇄류가 해상을 이동해 규슈 남부 지역의 조몬 문화를 멸망시켰다.

이와 같은 규모의 칼데라 대분화가 현대에 일어난다면 일본이라

◆ 칼데라가 생성되는 과정

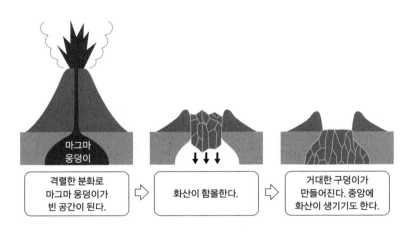

격렬한 분화로
마그마 웅덩이가
빈 공간이 된다.

⇨

화산이 함몰한다.

⇨

거대한 구덩이가
만들어진다. 중앙에
화산이 생기기도 한다.

마그마
웅덩이

는 나라는 사라질지도 모른다. 게다가 더 무서운 사실은 기카이 칼
데라 수준의 분화가 과거 12만 년 사이에 10회나 발생했으며, 그보
다 조금 규모가 작은 거대 분화도 7,000년에 한 번이라는 확률로 일
어난다는 점이다. 그렇다면 현시점에서 마지막이었던 기카이 칼데
라의 분화가 7,300년 전에 일어났으므로 확률적으로는 언제 칼데라
의 분화가 일어나더라도 이상하지 않은 셈이다.

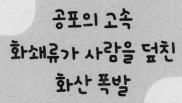

공포의 고속 화쇄류가 사람을 덮친 화산 폭발

용암류와 화쇄류의 차이는?

1991년 5월부터 분화를 시작한 운젠 후겐다케산에서는 소규모 화쇄류가 빈발했는데, 그중에서 규모가 약간 큰 화쇄류에 43명이 목숨을 잃었다.

화산 재해를 불러오는 원인으로는 용암류, 화쇄류, 화산이류, 산체 붕괴, 지진, 화산성 쓰나미, 화산 가스 등이 가장 대표적이다. 가령 1983년에 이즈 제도의 미야케섬에서 열극 분출(지각의 갈라진 틈새로 용암이 분출하는 현상)이 발생했을 때는 산허리에서 흘러 내려온 용암류가 마을을 덮쳐 400채에 가까운 주택을 뒤덮었는데, 재산 피해는 있었지만 다행히 사상자는 한 명도 없었다. 긴급 피난을 원활하게 진행한 덕분이었다. 용암류는 피신할 곳만 있다면 걸어서도 피할 수 있다.

그러나 화쇄류는 시속 100킬로미터의 고속으로 흘러내리기 때문에 피하기가 어렵다. 게다가 대단히 파괴적이다. 화산이류는 화쇄류에 물(얼음을 포함)이 추가된 것이다. 유명한 사례로는 남아메리카의 콜롬비아에 있는 네바도델루이스 화산의 화산이류(1985년)가 있는데, 이때는 약 2만 5,000명의 희생자가 나왔다.

화산 연구자들의 안타까운 죽음

운젠 후겐다케산이 분화했을 때는 화쇄류가 발생했다. 화쇄류는 화구에서 분출된 용암의 파편(화산탄, 화산력, 화산재)이 화산 가스와 섞여서 산허리를 빠른 속도로 흘러내려 가는 것이다. 당시의 분화에서는 이산화규소 성분이 많이 포함된 점성이 높은 마그마가 대량으로 분출되었다. 마그마에 점성이 있는 까닭에 용암이 굳어 분화구 밖에 용암 돔이 만들어졌다. 마그마가 계속 올라와 돔이 성장을 계속하는 가운데 아래에서 올라오는 마그마에 밀려나 불안정해진 돔의 끝부분이 붕괴되면서 화산 가스와 섞여 화쇄류를 발생시킨 것이다.

7개월 동안 연기를 내뿜던 운젠 후겐다케산에서 최초의 화쇄류가 발생한 것은 1991년 5월 24일. 이후 발생한 화쇄류 중 가장 많은 인

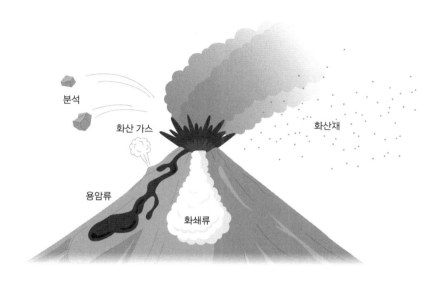

분석

화산 가스

화산재

용암류

화쇄류

명 피해를 낸 것은 6월 3일의 화쇄류다. 사망자 43명 중에는 취재기자 등 보도진 16명, 현지 소방대원 12명, 그리고 해리 글리켄 등 미국의 화산학자 3명이 포함되어 있었다.

1980년 당시 대학원생이던 글리켄은 미국의 세인트헬렌스 화산이 폭발 조짐을 보이자 미국 지질조사국 연구팀으로 파견되어 이 산을 관측하고 있었다. 그런데 하필 졸업 연구 미팅으로 동료 화산학자인 데이비드 존스턴과 관측 당번을 바꿨을 때 분화가 일어나는 바람에 존스턴이 목숨을 잃었다. 이 일을 크게 자책하던 글리켄 역시 운젠 후겐다케산에서 용암 돔의 붕괴를 조사하다 화쇄류에 휩쓸려 목숨을 잃은 것이다.

평소에는 온화하지만,
일단 분화하면 피해가
막대하다는 사실을 명심해.

화산 재해 사례 ②

갑작스러운 분화로
최악의 재해 남긴
화산 폭발

삽시간에 수많은 등산객을 덮친 분석과 화산재

2014년 9월 27일 오전 11시 52분, 나가노현과 기후현의 경계에 위치한 온타케산(표고 3,067미터)에 분화가 발생했다.

온타케산은 분화 경계 수준 1단계였다. 분화 경계 수준은 화산 활동의 상황에 맞춰 '경계가 필요한 범위'와 방재 기관 또는 주민 등이 취해야 할 '방재 대응'을 5단계로 구분한 것이다. 화산분화예지연락회가 '화산 방재를 위해 감시·관측 체제를 충실히 할 필요가 있는 화산'으로 선정한 화산 50곳 가운데 48곳(2019년 7월 현재)에서 운용되고 있다.

1단계는 '활화산임에 유의', 2단계는 '화구 주변 규제', 3단계는 '입산 규제', 4단계는 '피난 준비', 5단계는 '피난'이다. 1단계의 경우 '화산 활동의 상황은 평온. 화산 활동의 상황에 따라 화구 내에서 화산재의 분출 등이 발견됨(이 범위에 들어갔을 경우 생명의 위험이 따름)', '주민의 행동은 통상적인 생활', '등산자·입산자에 대한 대응은 특별히 없음(상황에 따라 화구 내의 출입 규제 등)'으로 설명되어 있다.

온타케산에서 화산성 미동(화산에서 발생하는 시작과 끝이 명확하지 않은 파형의 진동)이 관측된 것은 분화하기 불과 10분 전이었다. 기상청이 12시에 분화를 발표하고 12시 36분에 분화 경계 수준을 3단계로 높였지만, 이때는 이미 대참사가 일어난 뒤였다. 사실 분화 규모 자체는 결코 크지 않았다. 화산재 분화량은 1991년에 운젠 후겐다케산이 분화했을 때의 400분의 1에 불과했다.

분화 경계 수준이 1단계였기에 등산객들은 아무런 걱정도 없이 산에 올랐을 것이다. 온타케산은 저명한 등산가 후카다 규야의 저서 《일본 100명산》에 소개된 산 가운데 하나인 데다 계절도 단풍의 최절정기였기에 200명 이상으로 추정되는 많은 사람이 정상 부근에 도착해 점심을 먹었거나 먹으려 하고 있었다. 사람으로 가득한 정상 부근에서 갑자기 분화가 시작되었다. 분화의 유형은 수증기 폭발이었다. 마그마에서 암석으로 전해진 열 때문에 지하수가 순식간에 수증기로 바뀌면서 그 부피 변화로 폭발이 일어난 것이다.

분출된 연기로 주위는 캄캄해졌고, 캄캄해진 하늘에서 뜨거운 화산력(화산성 자갈)이 쏟아져 내렸다. 연기는 화구로부터 최대 7,000미터 높이까지 치솟았던 것으로 추정된다. 높은 곳에서 떨어진 분석에 맞거나 뜨거운 연기에 휩싸이거나 화산재에 파묻혀 호흡 곤란으로 사망하는 사람들이 생겨났다. 그 결과 화구 부근에 있었던 등산객 등 58명이 사망하고 5명이 행방불명됐다. 제2차 세계대전 이후 일본에서 일어난 최악의 화산 재해였다.

분화 경계 수준 1단계에도 방심은 금물

2000년 3월 31일 시작된 우스산 분화는 화산성의 유감 지진(사람이 흔들림을 느낄 수 있는 지진)이 증가하기 시작한 3월 28일에 홋카이도 대학교 우스산 관측소장인 오카다 히로무 교수와 분화예지연락회의 이다 요시아키 회장이 '분화의 전조' 및 '분화 가능성'을 미리 발표했다.

이에 주변의 시와 정, 촌에서는 정부가 발령하는 피난 정보를 기다리지 않고 주체적으로 대피하는 자주自主 피난을 시작했고, 3월 29일에는 다테시와 소베쓰정, 아부타정이 피난 권고를 피난 지시로 변경하는 등 만반의 체제를 갖췄다. 피난 지시 및 권고 대상은 최대 6,874세대, 1만 5,815명에 이르렀다.

화산에서 마그마가 상승하면 분화의 전조 현상으로 화산성 미동, 화산성 지진, 산체의 융기 등이 일어나고 지자기(지구가 가진 자석의 성질), 전기전도도(물질에 흐르는 전류의 크기), 화산 가스 속의 성분 등에 변화가 나타날 때가 많다. 그래서 이런 현상을 관측함으로써 분화를 예지한다.

그러나 온타케산의 경우는 분화하기 10분 전, 화산성 미동이 관측되기 전까지만 해도 줄곧 분화 경계 수준 1단계였다. 화산 분화를 예지하는 것은 아직 어려운 일임을 잘 보여주는 사례다. 현재 분화 경계 수준 1단계인 활화산이라도 피난을 준비할 여유가 있을 만큼 이른 시기에 전조 현상이 발견될지는 알 수 없는 일이다.

화산 분화를 미리 아는 것은 불가능한가?

화산 분화의 징조를 미리 예측하려면?

화산 분화가 일어날 때는 용암이나 화산재 같은 화산 분출물이 흘러나오는 까닭에 반드시 주변에서 인지할 수 있다. 그렇다면 그런 화산 분출물은 소리 없이 조용히 나올까? 그렇지 않다. 지하 깊은 곳에서부터 천천히 또는 갑자기 화산 분출물의 근원인 마그마가 올라올 때는 어떤 징조(지진 활동, 융기, 침하, 경사 같은 지각 변동)를 발견할 수 있다. 요컨대 그 징조를 포착하고 그것이 과거의 화산 분화와 시간적·공간적으로 어떤 관련이 있는지 알게 된다면 분화를 예지할 수 있다.

분화 예지에서 중요하게 확인할 사항은 다음의 다섯 가지다.

① 언제 분화할 것인가? 몇 시간 후인가, 며칠 후인가?

② 어디에서 분화할 것인가? 산 정상인가, 중턱인가, 기슭인가?

③ 분화 형태는 어떤 모습인가? 걸쭉한 용암이 흐르는 형태인가, 대폭발하는 형태인가?

④ 분화의 크기는 어느 정도인가? 흘러나오는 마그마의 양은 어느 정도인가?

⑤ 언제쯤 끝날 것인가? 몇 차례의 분화로 끝날 것인가, 몇 년씩 계속될 것인가?

위의 내용을 반드시 알아야 하지만, 현대의 정밀한 관측 기기나 세계의 연구 성과를 모두 동원하더라도 사실 분화를 정확히 예지하기는 어렵다. 게다가 지금까지 일본에서는 분화 예지의 대부분이 전조 현상을 파악한 지 몇 시간 후에서 며칠 후였으며, 때로는 몇 분 후인 경우조차 있었다. 반면 분화의 전조로 생각되는 현상을 파악했지만 분화하지 않는 경우도 종종 있다.

관측 기술 발달로 화산에도 엑스선을 촬영한다!

일본 기상청은 도쿄 본청에 설치된 '화산 감시·경보 센터'와 삿포로·센다이·후쿠오카의 각 관구 기상대에 설치된 '지역 화산 감시·경보 센터'에서 활화산 111개의 화산 활동을 감시하고 있다.

특히 후지산과 아사마산, 사쿠라섬 등 50개의 상시 관측 화산에서는 분화의 전조를 파악하기 위해 지진계, 경사계, 공진계空振系, 화산 주변의 지각 변동을 관측하는 글로벌위성항법시스템(Global Navigation Satellite System, GNSS), 감시 카메라 등의 화산 관측 설비를 갖춰 놓고 대학의 연구기관과 지방자치단체 및 방재 기관 등에서 데이터를 제공받으며 24시간 체제로 화산 활동을 관측·감시하고 있다.

또한 각 센터에는 '화산 기동 관측반'이 있어서 화산을 직접 찾아가 계획적으로 조사·관측 실시하고, 화산 활동이 활발해진 것이 발견되면 현상을 더욱 정확히 파악하기 위해 관측 체제를 강화하고 있다.

최근에는 도쿄대학교 지진연구소의 다나카 히로유키 교수가 개발한 '뮤오그래피'라는 방법의 연구가 주목받고 있다. 이것은 간단히 말하면 우주선宇宙線의 일종인 뮤 입자(뮤온)를 이용해 화산의 엑스선 사진을 촬영하는 것이다. 지금까지는 지표면에 나온 물질을 조사해서 화산 내부에 있는 마그마의 상태를 추측할 수밖에 없었는데, 뮤온을 이용해 화산 속 마그마의 상태를 직접 조사할 수 있다면 화산 분화의 메커니즘을 이해할 수 있을 뿐만 아니라 장기적으로 화산 예지에도 도움이 될 것으로 생각되고 있다.

대분화 칼데라의 관측은 여전히 미흡한 수준

현재는 기상청이 관측 시스템의 결과를 바탕으로 분화 경계 수준과 분화 경보 및 예보를 발표한다. 이를 통해 시·정·촌 등의 방재 기관에서 사전에 합의된 범위에 대해 신속하게 입산 규제나 피난 권고 등의 방재 대응을 할 수 있어 분화 재해로 인한 피해를 줄이는 방향으로 이어진다.

2000년 3월 말, 홋카이도의 우스산이 분화했다. 이 분화는 전조 현상이 명확했기에 주민의 대피가 신속하게 진행되었다. 이 일을 계기로 사람들은 앞으로도 분화 예지가 가능할 것이라고 기대했지만, 이 분화 예지는 우스산의 주치의로 불리는 과학자 오카다 히로무 교수의 연구를 통해 성공한 부분도 컸던 까닭에 다른 화산도 똑같은 분화 예지가 가능하다는 보장은 없다.

무서운 사실은 다양한 방법으로 활화산을 관측하고 있지만, 국가 멸망 수준의 대분화를 일으키는 칼데라의 관측은 만족할 만한 수준이 아니라는 것이다. 그래서 칼데라 대분화가 일어날 때의 전조 현상도 완벽하게 알려지지는 않았다. 앞으로 관측 체제의 확립과 연구가 더욱 활발히 진행되기를 기대한다.

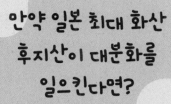

지금 일어나도 이상하지 않은 후지산 분화

신뢰할 수 있는 후지산 분화 기록은 모두 10회이며, 그중에서 많은 피해를 가져온 분화는 다음의 두 차례다.

① **서기 864년의 '조간 분화'** : 최근 2,000년 사이에 최대 규모의 용암이 분출해 당시 '세노우미'라고 불리던 커다란 호수를 메웠으며, 이 때 완전히 메워지지 않고 남은 부분이 현재의 쇼지 호수와 사이 호수가 되었다. 또한 흘러나온 용암이 후지산 북서쪽 기슭의 들 판을 넓게 뒤덮어 현재의 '아오키가하라 수해樹海(원시림)'를 만들 었다.

② **서기 1707년의 '호에이 분화'** : 남동쪽의 산허리에서 폭발적으로 분화
가 시작되어 검은 연기, 분석, 공기 진동, 화산재와 모래의 낙하, 천
둥이 발생했다. 그날 100킬로미터 떨어진 에도(지금의 도쿄)에도
다량의 화산재가 떨어져 대낮에도 등불을 밝혀야 할 만큼 어두웠
다고 한다.

호에이 분화로부터 300년이 지난 지금까지 후지산은 침묵을 지
키고 있다. 물론 그 기간 동안에도 지하의 마그마 웅덩이에는 마그
마가 조금씩 채워져 왔으므로 언젠가 반드시 상승해 분화로 이어질
것이다. 그러나 그것이 언제일지 예상하는 것은 어려운 일이다.

후지산 대분화, 최악의 예상 시나리오

이쯤에서 '만약 후지산 분화가 일어난다면?'이라는 가정하에 최악
의 시나리오를 예상해 보자.

최근에 일어난 분화와 마찬가지로 산허리의 호에이 화구 근처에
서 갑자기 대분화가 일어난다고 가정한다. 먼저 거대한 폭발음과 함
께 불기둥이 나타나면서 대량의 화산재와 분석을 뿜어낼 것이다. 분
화구로부터 반지름 20킬로미터 범위 안에는 약 10센티미터 이상의
뜨거운 분석이 날아올 가능성이 있으므로 만약 사람에게 떨어진다
면 직격을 당해 사망하거나 건물 또는 자동차의 유리가 깨지고 화재

가 발생할 것이다. 화산재는 편서풍을 타고 동쪽으로 흘러가 가나가 와현은 30센티미터 이상, 도쿄도와 지바현, 사이타마현 남부는 10센티미터 이상 화산재가 쌓일 것이다. 이로 인해 많은 가옥이 파괴되고 도로·철도·공항 등 교통시설의 이용이 불가능해져 교통기관이 마비되며, 그 결과 물류가 완전히 정지될 것이다.

다음은 라이프라인의 피해다. 먼저 전기가 영향을 받는다. 화산재의 무게로 전선이 끊어지거나 변전소에 화산재가 들어가 쇼트를 일으키거나 컴퓨터가 오작동을 일으켜서 정지할 가능성이 있다. 전기가 멈추면 정수장이 기능을 멈추며, 하수도 등은 화산재에 막혀서 제 기능을 하지 못하고, 하늘이 화산재에 덮이면서 전파 장애가 발생해 정보도 얻을 수 없게 될 것이다.

대분화 때에는 각지에서 보내는 구호품이 현장에 제때 도착하지 못할지 모른다. 교통수단이 없으면 도보로 이동하는 사람도 있겠지만, 두껍게 쌓인 화산재를 헤치고 얼마나 나아갈 수 있을까? 이 상태가 장기화되면 식수와 식량 부족으로 이어질 뿐만 아니라 화장실마저 이용할 수 없게 된다. 참으로 무시무시한 사태가 벌어지는 것이다.

또한 용암이 흘러나오면 후지산 주변의 마을까지 도달할 가능성이 있다. 분출량이 예상보다 많을 경우, 신칸센, 도메이 고속도로, 국도 1호선 등이 단절될 것이다.

후지산에 눈이 두껍게 쌓이는 겨울이라면 분화할 때 고온의 분출

◆ 후지산이 분화할 경우 화산재가 쌓일 지역별 예상도

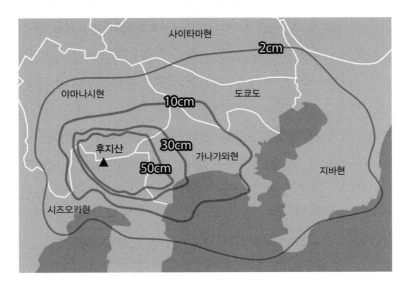

물이 눈을 녹이면서 물과 섞여 산기슭의 마을을 순식간에 집어삼킬
위험성도 있다.

가장 무서운 재해는 산체, 즉 산 자체의 붕괴다. 지진이나 마그마
의 분출로 산 자체가 파괴되어 무너지는 것이다. 후지산은 과거에도
몇 차례 산체 붕괴를 일으킨 바 있다. 산체 붕괴가 일어나면 주변지
역에 거주하는 수십만 명이 피해를 입을 것으로 예상된다.

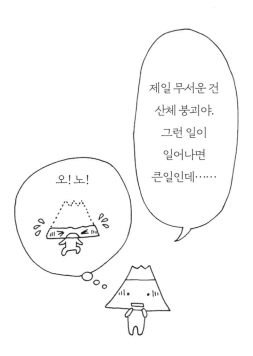

3장

인류를 위협하는
기상 이변과 기상 재해

우리가
사는 현재가
빙하 시대라고?

지구 남반구와 북반구에 빙상이 조금이라도 있다면 빙하 시대

"지금 우리는 빙하 시대의 한복판에서 살고 있습니다"라고 말한다면
여러분은 믿겠는가?

빙하 시대라는 말을 들으면 어떤 이미지가 떠오르는가? 눈이 내
리는 들판에서 고대의 원시인이 매머드를 사냥하는 모습을 떠올리
는 사람도 있을 텐데, 이것은 어떤 의미에서 옳은 이미지다. 다만 지
구 전체가 그런 기후일 것으로 생각한다면 그것은 잘못이다. 빙하
시대에도 적도 지역은 눈을 구경할 수 없는 따뜻한 기후였다.

빙하 시대란 북반구와 남반구의 양쪽에 빙상氷床, 즉 1년 내내 녹
지 않는 대규모의 얼음덩어리가 있는 시기를 가리킨다. 대륙에 내린

눈이 여름에도 녹지 않은 채 다시 겨울을 맞이하며 계속 쌓이는 사이에 얼음덩어리가 되는데, 빙상은 이 얼음덩어리가 대륙을 뒤덮은 것을 말한다. 요컨대 지구 전체가 눈이나 얼음으로 뒤덮이지 않은 상태에서 지구의 남반구와 북반구 각각에 빙상이 조금이라도 있다면 빙하 시대다. 현재는 북반구의 그린란드와 남반구의 남극 대륙이 1년 내내 빙상으로 덮여 있기 때문에 엄연한 빙하 시대인 셈이다.

그렇다면 지구 전체가 눈이나 얼음으로 뒤덮였던 시대가 있었을까? 과거에는 그런 시대가 없었다는 것이 일반적인 인식이었다. 지구 전체가 눈이나 얼음으로 뒤덮였다면 그 시점에 생명은 절멸했으리라고 생각했기 때문이다. 그러나 최근 들어 그런 시대가 있었을 가능성이 높다는 것이 밝혀졌고, 이를 눈덩이 지구(지구 동결 상태)라고 부른다. 다만 그 시기는 약 22억 년 전과 7억 년 전, 그리고 6억 5,000만 년 전으로, 지구상에 인류는커녕 고등 생물 자체가 아직 등장하지 않았고, 미생물만 존재하던 시대였다.

지구 온난화로 기온이 상승할까, 아니면 지구의 자연 변동으로 기온이 하강할까?

46억 년 전에 탄생한 지구는 한동안 불지옥이나 다름이 없었고 환경도 정신없이 변화했는데, 약 40억 년 전에 바다가 생긴 뒤로 비교적 안정을 찾기 시작했다. 도중에 세 차례의 눈덩이 지구 상태와 '석

탄기'의 한랭기 등이 찾아오기도 했지만 전체적으로는 온난했다고 해도 무방할 것이다. 다만 이 '온난'이라는 것이 우리가 감각적으로 느끼는 따뜻함과는 크게 달라서, 지구의 어느 곳을 둘러봐도 만년빙인 빙상이 보이지 않았으며 평균 기온이 현재보다 훨씬 높았다. 그후 신생대에 들어와 서서히 한랭화가 시작되었고, 260만 년 전부터 북반구와 남반구에 빙하와 빙상이 항상 존재하는 빙하 시대에 돌입했다.

현재의 빙하 시대가 시작된 이후의 시대를 제4기라고 부르므로 현재는 신생대 제4기가 된다. 제4기는 지구의 역사를 기준으로 보면 일관되게 한랭한 시대지만, 그중에서도 더 한랭한 시기와 비교적 온난한 시기가 교차적으로 반복되고 있다. 더 한랭한 시기를 '빙기'라고 부르는데, 이 시기에는 중위도 지역에도 빙상이 존재했다. 한편 비교적 온난한 시기를 '간빙기'라고 부르며, 현재처럼 빙상이 고위도 지역으로 한정되었다.

마지막 빙기는 일명 '뷔름 빙기'로, 이 시기에는 북유럽과 캐나다도 지금의 남극 대륙처럼 두꺼운 빙상으로 덮여 있었다. 우리가 속한 동아시아는 빙상으로 덮이지는 않았지만 현재의 시베리아만큼 추웠으며, 고지대에는 산악 빙하가 발달해 있었다. 현재의 간빙기는 1만 년 전에 이 뷔름 빙기가 끝나면서 시작되었다.

앞에서 제4기에는 빙기와 간빙기가 교차적으로 반복되었다고 이야기했다. 이것을 좀 더 자세히 살펴보면, 모든 빙기는 약 10만 년

◆ 눈보라 속의 매머드와 그 매머드를 사냥하는 원시인들

동안 계속되었으며 그 후 급속도로 온난화되어 간빙기가 찾아왔다. 그러나 간빙기는 하나같이 1만 년 정도 이어졌으며, 그 후 다시 한랭화되어 빙기가 시작되었다. 앞에서도 말했듯이 지금의 간빙기는 이미 1만 년이 경과했기에 언제 빙기로 되돌아갈지 알 수 없는 상황이다.

현재 세계는 인간의 활동에서 비롯된 지구 온난화로 기온이 상승하지 않을까 걱정하고 있지만, 조만간 지구의 자연 변동에 따른 기온 하강으로 고민하게 될지도 모른다.

역대급 폭염과
기록적인 한파 등
이상 기후의 공포

이상 기후란 30년 간의 평년 수준을 벗어난 기후 현상

뉴스에서 역대급 폭염과 폭우, 기록적인 한파 등의 소식을 소개할 때면 '이상 기후異常氣候'라는 표현을 사용해 "최근 들어 이상 기후가 계속되고 있다"라고 말하고는 한다. 평소와 다른 날씨나 기후 상태에 대해 불안한 마음을 담아서 이상 기후라는 표현을 쓰는데, 일본 기상청에서는 '어떤 장소(지역), 어떤 시기(주, 월, 계절)에 30년 동안 1회 이하로 발생하는 현상'을 이상 기후라고 정의했다. 쉽게 설명하면, 기온이나 강수량 등의 기후가 약 30년 간의 통계적 평년 수준을 벗어나 눈에 띄게 높거나 낮은 수치를 나타내는 현상을 말한다.

그리고 이보다 빈번하게 일어나더라도 기상 재해를 일으키거나 경제적으로 막대한 손해를 입힘으로써 사회에 큰 영향을 끼치는 것 또한 '극단적인 현상'으로서 이상 기후와 동등하게 취급해 정보를 제공한다. 이렇게 함으로써 일반에 주의를 촉구하는 것이다.

관측사상 가장 따뜻한 겨울인데도 기록적 한파가 몰려오다

수 킬로미터 범위에 수 시간 동안 많은 양의 비가 내리는 국지성 호우(게릴라 호우)부터 기록적으로 더운 여름 날씨처럼 때로는 대륙 규모로 한 계절 내내 계속되는 고온까지, 이상 기후로 불리는 현상의 시간과 공간의 척도는 실로 다양하다.

예를 들어, 2015년 12월에서 2016년 2월에 걸친 겨울 날씨는 주목하는 시간과 공간의 규모를 바꿔 보면 전혀 다른 양상을 띠었다. 일본에서는 당시 겨울의 평균 기온이 전국적으로 높아서, 동일본은 역대 2위, 서일본은 역대 3위로 따뜻한 겨울이었다.

범위를 좀 더 넓혀 지구 전체를 살펴봐도 2015년 12월과 2016년 1월은 과거의 기록을 크게 웃도는 따뜻한 겨울이었다. 그러나 2016년 1월 22~25일에는 동아시아에 기록적인 한파가 몰려왔다. 일본에서는 동해 쪽을 중심으로 많은 눈이 내렸고, 한기의 유입이 서일본과 남서 제도에 큰 영향을 끼쳐 규슈 각지에서 수도관이 파열되어 단수 사태를 빚었을 뿐만 아니라 오키나와 본섬에서 기상 관측을 시작한 이래 처음으로 눈(진눈깨비)이 관측되었다.

이처럼 광범위한 시간과 공간 규모에서는 관측 역사상 가장 따뜻한 겨울이었지만 일주일이 채 안 되는 시간 규모에서는 기록적인 추위를 기록했던 것이다. 따뜻한 겨울이라 여기며 일상을 보내고 있을 때 갑자기 매서운 추위가 찾아오는 것은 참으로 두려운 일이다.

자연의 흔들림이 만들어 내는 이상 기후

이런 이상 기후를 일으키는 원인은 무엇일까? 비정상적인 일이 일어나는 것이므로 지구의 대기나 태양에 무엇인가 지금까지와는 다른 이상한 일이 일어났기 때문이라고 생각하는 사람도 있을지 모른다. 그러나 이상 기후의 원인을 하나하나 분석해 보면 대부분은 지구의 기후 메커니즘이 본래 지니고 있는 진동과 같은 성질, 즉 흔들림(요동)과 관련이 있다. 이런 요소를 '자연 변동'이라 부른다.

이를테면 편서풍이 평소와는 다른 길로 흘러간다거나, 열대 지역에서 대기의 순환이 평소와는 다르게 움직이는 현상 등을 들 수 있다. 이와 같은 요소 중 하나가 크게 요동쳤을 때나 몇 가지 요소의 요동이 우연히 겹침으로써 더 큰 요동으로 확대되었을 때 이상 기후가 일어나는 것으로 추정된다.

이처럼 자연 변동이 이상 기후의 원인이기 때문에 지금까지 일정 기간 동안 비정상적인 기상 현상을 경험하더라도 다시 일상적으로 경험해 온 기상 상황으로 돌아갈 수 있었던 것이 아닐까?

◆ 이상 기후의 원인이 되는 자연 변동의 예

| 엘니뇨 현상(수온 상승) | 라니냐 현상(수온 하강) |

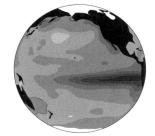 

태평양의 적도 부근 해수면 온도가 평소와 다르게 분포한다.

| 블로킹 현상 |

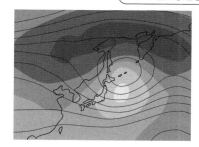

편서풍 같은 지구를 순회하는 거대한 대기의 흐름이 휘어지면서 정체되면 똑같은 날씨가 장기간 계속된다.

| 기압 배치와 아시아 계절풍의 변동 |

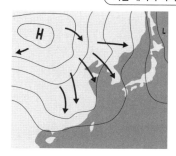 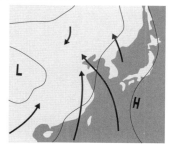

고기압(H)과 저기압(L)의 세기나 배치가 통상적이지 않아 계절풍이 달라지면서 강우 지역이나 강우량에 변화가 생긴다.

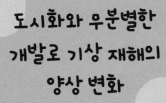

가공할 파괴력을 지닌 기상 재해의 여러 유형

기상 재해란 대기의 여러 가지 현상으로 인해 사람이 죽거나 재산 및 건조물이 피해를 입어 평소처럼 인간 활동을 할 수 없게 되는 현상이다. 한국이나 일본처럼 삼면 혹은 사면이 바다로 둘러싸여 있고 산보다 평야가 적으며 강이 많은 지역은 지금까지 기상 재해를 빈번하게 겪어 왔다.

　기상 재해의 유형은 기상의 역할에 따라 다음의 세 가지로 분류할 수 있다.

　① **기상의 직접적인 파괴력으로 인한 재해** : 강풍, 폭설, 장기간의 가뭄, 계

절을 벗어난 저온이나 고온, 우박, 번개 등.

② **기상에 수반되는 현상으로 인한 재해**: 큰비로 인한 홍수, 기압 하강과 강풍에 동반되는 해일, 강풍으로 인한 높은 파도 등.

③ **재해를 일으키는 기상 현상의 집중 또는 확산**: 약풍으로 인한 대기 오염의 확산, 강풍으로 인한 화재의 확대 등.

한국이나 일본처럼 계절의 변화가 뚜렷하고 국토가 남북으로 긴 나라는 지방에 따라 기후의 양상이 상당히 다르다. 게다가 많은 사람이 다양한 곳에서 생활하는 까닭에 여러 가지 재해가 발생한다. 태풍이 빈번하게 찾아오는 지방, 눈이 많이 내리는 지방 등 지역마다 재해의 요인이 다르다.

지역에 따라 차이가 생기는 원인은 그것만이 아니다. 가령 눈이 적게 내리는 지역은 많이 내리는 지역에 비해 방재 대책이 덜 정비되어 있기 때문에 눈이 조금만 내려도 피해가 발생하는 등, 피해 대상물 자체나 방재 대책도 지역에 따라 차이가 발생한다. 일본의 경우 기상청이 발표하는 주의보나 경보의 발표 기준도 지역에 따라 다르다.

기상 재해의 역사적 변천

기상 재해가 변화하는 요인은 세 가지다. 첫째는 기상 변동 등 기상

◆ 일본의 재해 변천사

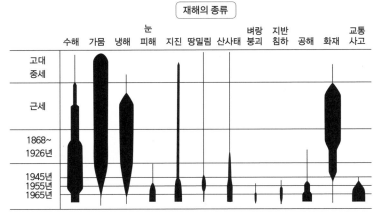

※니시카와 야스시, 《일본의 재해사에서 제2차 세계대전 이후 시대가 지니는 의의》, 방재과학기술, 1968년.

현상 자체의 변화, 둘째는 사회 환경의 변화에 따른 인간 생활의 변화, 셋째는 치수 대책 등 자연을 대상으로 한 인간 활동을 통해서 일어나는 변화다. 위의 그래프는 일본의 시대별 재해의 중요도를 막대의 폭으로 나타낸 것이다. 가는 직선은 재해는 있었지만 별 문제가 되지 않았음을, 막대가 둥글게 넓어지는 경우는 재해 규모의 급격한 증가를 나타낸다. 그리고 이런 변화의 대부분은 사회 요인에서 비롯된 것으로 생각된다.

　기록에 따르면 12세기에는 가뭄의 건수가 현저히 감소했다. 이것은 관개 시설이 충실해진 덕분으로 추정된다. 도쿠가와 막부가 성립된 17세기는 일본의 근세가 시작된 때로, 지방의 행정 구역인 번을 중심으로 각지에서 대규모 치수 공사가 실시되었다. 특히 도쿠가와 이에야스는 에도에서 대규모 하천 공사를 실시했는데, 여기에는 세 가지 이유가 있었다. 첫째는 홍수 대책이고, 둘째는 비옥한 농지를 만들기 위한 관개 공사였으며, 셋째는 일본 전역의 물자를 에도에 집중시키기 위한 물류 기능의 정비였다. 이에야스의 하천 개량 사업은 '도네강의 동천東遷, 아라강의 서천西遷'으로 불렸다.

근대에 들어와 변화한 기상 재해

1960년대에 들어서자 기상 재해의 양상에 변화가 나타났다. 예를 들어 1961~1975년의 태풍으로 발생한 사망자 수는 20년 전보다 현저히 감소했다. 이것은 홍수와 해일에 대비한 치수 공사, 해난 사고에 대비한 선박 운항의 안전 대책 강화에 힘입은 바가 컸다.

그러나 한편으로는 약한 태풍으로 인한 사망자가 늘어났다. 이것은 인구의 과밀화, 경사지에 조성된 택지, 도로 건설 등에 따른 인공 절벽의 증가로 절벽 붕괴나 토석류에 의한 피해가 늘어났기 때문이다. 또한 레저 인구가 증가한 결과 기상 재해에 맞닥뜨릴 확률이 높아진 것도 영향을 끼쳤다. 지면이 아스팔트나 콘크리트로 덮인 결과 빗물이 땅속으로 스며들지 않은 탓에 수해로 이어지는 도시형 재해도 발생하고 있다.

겨울에서 봄 사이
대규오 재해를 불러오는
폭탄 온대 저기압

급격히 발달한 저기압이 재해를 불러오다

2012년 4월 2일에 중국과 한국 사이의 서해에서 1,008헥토파스칼의 온대 저기압(다음 페이지 그림의 ⑥번 선)이 발생했다. 이후 한반도를 횡단해 3일에 동해로 빠져나간 뒤 급격히 발달했다.

3일 오후 3시에는 기압이 972헥토파스칼까지 급격히 떨어졌다가 4일 새벽 3시에는 폐색전선(온난전선과 한랭전선이 합해지면서 만들어지는 전선)상에 새로운 저기압이 발생해 4일 오후 3시에 오호츠크 해상에서 950헥토파스칼까지 발달했다. 그 결과 저기압의 중심 부근과 한랭전선상의 적란운이 서일본을 중심으로 집중 호우와 돌풍을 일으켜 5명이 사망하고 건물과 농작물에 피해를 가져왔다.

◆ 급속하게 발달한 저기압의 경로와 그때의 위치

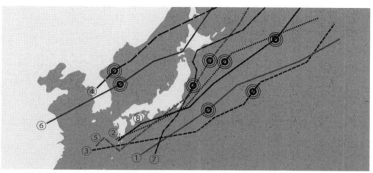

—— ① 2013년 1월 14일에 발생한 저기압　　---- ⑤ 2006년 2월 1일에 발생한 저기압
········· ② 2014년 12월 16일에 발생한 저기압　—— ⑥ 2012년 4월 2일에 발생한 저기압
---- ③ 2000년 3월 19일에 발생한 저기압　　---- ⑦ 2007년 1월 6일에 발생한 저기압
—— ④ 2004년 11월 26일에 발생한 저기압　　—— ⑧ 2019년 2월 27일에 발생한 저기압

　또한 일본 수도권에서는 철도의 운행 중지와 500편이 넘는 국내
선 여객기의 결항이 발생했다.

　최근에는 2019년 2월 28일부터 3월 2일에 걸쳐 급속히 발달한
저기압(위의 그림에서 ⑧번 선)이 각지에서 폭풍을 일으켜 철도 운행
중지와 항공기 결항뿐만 아니라 인적·물적 피해까지 가져왔다.

　이렇게 급속히 발달하는 저기압은 1978년에 대서양을 항해 중이
던 호화 여객선 퀸 엘리자베스 2호에 피해를 입힌 것을 계기로 폭탄
저기압이라고 불리게 되었다.

온대 저기압이 자주 발생하는 시기와 경로

폭탄 저기압은 겨울에는 동해나 혼슈의 동쪽 해상, 봄부터 초여름에는 동해에서 많이 발생한다. 이 시기에는 일본의 북쪽에 위치한 찬 기운과 남쪽에 위치한 따뜻한 기운이 부딪치는 해상에서 온도 차이를 에너지로 삼는 온대 저기압이 급속히 발달하기 쉽다. 지구 온난화로 북태평양 서부, 일본 열도 남안을 흐르는 쿠로시오 해류의 온도가 높아져서 해면에서 공급받는 에너지의 양이 증가한 것도 원인으로 지적되고 있다.

폭탄 저기압은 겨울부터 봄에 걸쳐 강한 남풍을 발생시켜 봄철 각지에 폭풍이나 호우를 불러온다. 또한 황금연휴 무렵인 5월 초에도 발생하는데, 날씨가 거칠어지며 한랭전선이 발달해 표고가 높은 지역에서는 때아닌 폭설로 피해를 입기도 한다.

심각한 기상 재해를 불러온다는 점에서 열대 저기압이나 태풍과 폭탄 저기압은 유사하다. 태풍은 주로 여름부터 가을에 걸쳐 일본의 남해상에서 발생해, 태평양 고기압의 서쪽 가장자리를 우회하며 북상해 편서풍을 타고 일본 부근을 북동진한다.

반면 폭탄 저기압은 주로 겨울에서 봄에 걸쳐 동중국해나 혼슈 남해안에서 발생하며, 편서풍을 타고 북동진하면서 급속히 발달해 대규모 재해를 불러오고는 한다.

폭탄 저기압 예보가 어려운 이유

여름에서 가을에 걸쳐 일어나는 열대 저기압 태풍의 경우, 며칠 전부터 태풍의 진로나 세력의 정도에 관한 예보가 예보원予報圓(태풍의 중심이 일정 시간 후에 도달할 것으로 예상되는 범위를 보여주는 원)이라는 확률 정보의 형태로 발표된다.

　그러나 겨울에서 봄에 걸쳐 발생하는 폭탄 온대 저기압은 몇 시간 만에 급속히 발달하는 탓에 발생 타이밍을 파악하기가 어려우며, 그래서 더 큰 피해를 불러온다. 특히 겨울철에는 폭풍과 폭설을 동반해 여행지의 공항이 폐쇄되거나 도로가 통행 불능 상태에 빠지는 등 교통망에도 큰 영향을 끼친다.

　일본의 남쪽 해상이나 남해안을 통과하면서 발달한 저기압은 태

◆2010년 2월 8~9일의 일기도

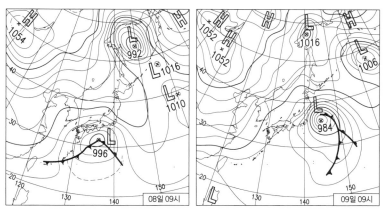

※일본 기상청 일기도에서

평양 연안 지역에 비를 내리는데, 특히 겨울부터 초봄 무렵에 걸쳐 하치조섬(태평양에 위치한 이즈 제도의 화산섬) 부근을 통과하면 간토 지역의 평야에 큰눈을 내릴 때가 있다.

2014년 2월 7일부터 9일에 걸쳐 저기압이 발달하면서 혼슈의 남쪽 해상을 통과해 간토 지방에 큰눈을 내렸다. 도쿄에는 20년 만에 적설량 27센티미터라는 폭설이 내렸고, 구마가야시와 지바시도 역대 최대 적설량을 기록했다.

강풍, 호우, 폭풍해일을 동반하는 태풍

태풍, 습한 상승기류의 거대한 소용돌이

태풍은 열대 저기압의 일종으로, 열대 지역의 해상에서 상승 기류가 발달해 저기압성 소용돌이를 만든 것이다. 수증기는 대량의 열에너지를 지니고 있어서, 열대의 습한 공기가 상승하기 시작하면 상승기류가 가속되어 적란운이 된다. 그러면 그 아래의 공기가 희박해져서 기압이 낮아지고, 그 결과 주위에서 습한 공기가 흘러들어 온다. 이것이 자전의 영향으로 휘어져서 반시계 방향의 소용돌이를 형성하며, 다시 상승 기류에 공급되면 상승 기류는 멈추지 않게 된다. 이렇게 해서 생겨난 열대 저기압 가운데 북태평양 서부에서 발달한 것을 특히 '태풍'이라고 부른다.

태풍으로 인한 재해는 주로 강풍, 호우, 폭풍해일이 원인이 되어서 발생한다. 강풍은 중심 기압의 저하에 따른 주위와의 기압 차에 의해, 호우는 습한 공기의 상승에 따른 적란운에 의해 발생한다.

폭풍해일은 태풍이 통과할 때 해면의 수위가 갑자기 상승해서 육지로 흘러들어 오는 현상으로, 말하자면 태풍이 일으키는 쓰나미 같은 것이다. 이것은 중심 부근의 상승 기류로 인한 '역기압 효과'와 해안선을 향해서 부는 강풍으로 인한 '밀어냄 효과'가 원인이 되어 발생한다. 조건이 한정적이기에 어지간해서는 일어나지 않는 현상이지만, 일단 발생하면 많은 사람이 익사해 희생자 수가 폭증한다는 특징이 있다.

관측 사상 가장 큰 피해를 입힌 3대 태풍

기상 관측 역사상 일본에 가장 큰 피해를 입혔던 태풍 셋을 꼽으면 이세만 태풍(베라)·마쿠라자키 태풍(아이다)·무로토 태풍으로, 전부 쇼와 시대(1926~1989년)에 발생한 태풍인 까닭에 이 셋을 합쳐서 '쇼와의 3대 태풍'이라고 부르기도 한다.

① 무로토 태풍

1934년의 무로토 태풍 때는 특히 폭풍으로 인한 피해가 컸다. 고치현 무로토곶 부근에 상륙했을 때의 기압은 911.6헥토파스칼로, 일본 본토에 상륙한 태풍의 기압 중 관측 역사상 최저 기압을 기록했다. 이 저기압이 만들어낸 폭풍의 최대 풍속은 정확히 알 수 없는데, 당시 초속 60미터까지만 측정할 수 있었던 무로토곶의 풍속계를 파괴해 버렸기 때문이다.

이런 강력한 폭풍에 목조 건물인 초등학교가 붕괴되어 건물 안에 있던 많은 아동과 교사가 목숨을 잃었으며, 최저 기압과 최대 풍속으로 인해 해일이 일어나 오사카만 일대에 수많은 익사자가 발생했다. 사망자와 행방불명자를 합쳐 3,000명에 이르는 희생자가 발생했는데, 피해 규모도 규모지만 수많은 어린 생명을 잃었기에 안타까움이 더 컸던 태풍 재해였다.

② 마쿠라자키 태풍(아이다)

1945년의 마쿠라자키 태풍 때는 호우로 인한 피해가 컸다. 특히 2014년 8월의 호우와 마찬가지로 히로시마현의 토사 재해가 커서, 화강암의 풍화로 만들어진 연약한 마사토 지반의 급경사지가 붕괴해 수많은 주택이 토사에 휩쓸렸다.

사망 혹은 행방불명된 사람이 3,500명에 이르는 막대한 피해를 가져왔는데, 특히 주된 피해 지역인 히로시마는 원자폭탄이 투하된 지 약 1개월밖에 안 된 상황이었기에 엎친 데 덮친 격이었다.

◆ 해수면 상승의 원인 개념도

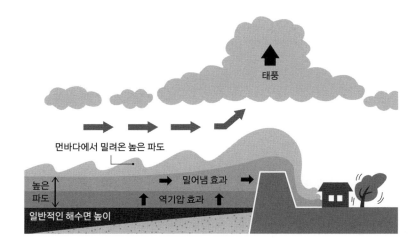

태풍

먼바다에서 밀려온 높은 파도

높은 파도

밀어냄 효과

역기압 효과

일반적인 해수면 높이

③ 이세만 태풍(베라)

1959년의 이세만 태풍 때는 높은 파도로 인한 피해가 컸다. 남쪽으로 열려 있는 이세만에 풍속 40미터가 넘는 남풍이 불어닥친 결과, 높이 3미터가 넘는 높은 파도가 나고야시 남부를 덮쳤다. 게다가 이때 근처의 목재 저장소에서 길이 10미터나 되는 통나무가 대량으로 떠내려왔고, 이것이 높은 파도를 타고 주택가를 덮치는 바람에 피해가 확대되었다.

사망자와 행방불명자의 수는 약 5,000명으로, 지금도 기상청이 기상 관측을 시작한 이래 가장 많은 희생자를 낸 태풍으로 남아 있다.

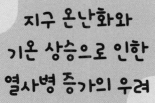

지구 온난화와
기온 상승으로 인한
열사병 증가의 우려

대도시의 열섬과 열대야 현상

도시 중심부의 기온이 주변 교외 지역에 비해 높아지는 현상이 종종 일어나고 있다. 비교적 기온이 낮은 도시 주변 전원 지대 한가운데에 기온이 높은 섬이 떠 있는 것 같다고 해서 열섬Heat Island이라고 부른다. 더위로 인한 현상은 인구가 많은 대도시일수록 두드러진다.

더위의 지표 중 하나로 열대야 현상이 있다. 하루 최저 기온, 즉 야간의 최저 기온이 섭씨 25도 아래로 내려가지 않는 날을 가리키는데, 일본 기상청에 따르면 대도시의 연간 열대야 일수는 발현 빈도가 매우 낮은 삿포로를 제외하면 유의미한 증가 경향을 보인다고 한다. 여기에서 대도시는 지상 기상 관측 지점이 있는 전국의 주요

도시 가운데 지역적으로 치우치지 않게 분포하도록 선정한 11개 도시를 가리킨다.

1900년대 초반에는 열대야가 거의 없었지만, 2019년에는 도쿄가 28일, 나고야가 33일, 오사카가 37일의 열대야를 기록했다.

열섬 현상의 원인은 매우 다양하다. 먼저 지표면이 아스팔트와 콘크리트로 덮임으로써 녹지와 나지(맨땅)의 면적이 감소한 것을 들 수 있다. 또한 콘크리트로 만든 거대한 빌딩숲의 증가로 열의 축적과 햇빛 흡수가 증가하고 풍속의 감소로 열이 상층부로 확산되지 못한 것도 원인으로 지적된다. 여기에 건물 또는 대기 오염 물질로 인한 복사 냉각(복사열을 방출해 지표의 온도가 내려가는 현상)이 억제되고 인공적인 열 방출이 증가한 것도 원인이다. 이런 주된 요인이 복잡하게 얽혀서 도시 특유의 기후를 형성하고 있는 것이다.

그 결과 도시에서 지구 온난화를 능가하는 고온화 현상이 일어나고 있다.

사망에 이를 수도 있는 열사병의 원인과 증상

열섬은 도시를 중심으로 한 제한적인 현상이지만, 지구 온난화가 진행됨에 따라 중위도에서 기온이 2~3도 정도 상승할 것으로 예측된다. 한국과 일본 등은 겨울 추위가 약해지는 반면에 여름 더위가 더욱 심해질 것이다.

또한 열섬 현상이나 지구 온난화가 진행되면 열사병이 증가할 것으로 예측된다. 최고 기온에 대한 1일당 열사병 환자의 수를 살펴보면, 섭씨 25도 정도부터 환자가 발생하기 시작하며 31도를 넘어서면서 급속히 증가한다.

열사병은 체온 상승으로 몸속의 수분이나 염분의 균형이 무너져 체온 조절 기능이 작동하지 않은 결과 의식이 몽롱해지고 최악의 경우 쓰러져서 사망에 이를 수도 있는 병이다.

기온이나 습도에 따라서는 실내에서도 열사병 증상이 나타날 수 있다. 열경련(경증)·열피로(중등증)·열실신(중증)의 3단계로 분류되며, 중증의 경우 의식 장애나 경련, 손발의 운동 장애가 일어난다. 열사병으로 인한 사망자 수는 현재 증가 추세에 있다.

고령자의 열사병 위험과 열사병 예방법

열사병의 위험성은 고령이 되면서 급격히 상승한다. 고령자는 생리적 기능의 쇠퇴로 더위를 잘 느끼지 못해 수분을 충분히 섭취하지 않거나 냉방을 싫어하게 되는데, 이것이 열사병의 발생률을 높이는 것으로 여겨진다. 고령자에 이어 발생률이 높은 연령대는 7~18세로, 학교 운동장에서 움직임이 많은 체육활동을 하는 도중에 발생하는 경우가 많다.

열사병을 예방하기 위해서는 무엇보다 먼저 더위를 피해야 한다.

또한 더운 날에는 외출을 삼가고 통풍이 잘되는 시원한 옷을 입으며 격렬한 운동이나 작업을 중단해야 한다. 또한 자주 수분을 보충하고 자신의 몸 상태를 고려해 활동하며 실내에서는 에어컨 등을 적절히 사용해야 한다.

학교나 직장에서는 열사병이 발생할 가능성을 염두에 둔 관리와 감독이 필요하다. 지도자나 감독자는 과도한 운동이나 작업을 조정하고 적절한 휴식과 수분 보충에 각별히 신경써야 하며 개개인의 몸 상태를 배려해 가능한 범위에서 작업 환경을 개선해야 한다.

더운 날씨에 운동하다가 다음과 같은 증상이 나타났다면 열사병일 위험성이 높다.

- 평소처럼 움직일 수가 없다
- 온몸이 피로하고 무기력하다
- 몸이 무겁고 힘이 들어가지 않는다, 정신이 멍하다
- 귓속에서 날카로운 소리가 들린다, 주위 사람들의 목소리가 잘 들리지 않는다
- 다리나 근육이 아프다, 저리다
- 컨디션이 좋지 않다, 토할 것 같다, 다리가 후들거린다, 서 있을 수가 없다
- 머리가 아프다, 현기증이 난다

일반적으로 열경련은 염분을 보충하고 열피로는 시원한 곳에 눕히고 수분을 보충하면 회복된다. 열사병은 체온 조절 기능에 이상이 생기기 때문에 체온이 비정상적으로 상승하다 보면 의식 장애가 발생해 열실신에 이르기도 한다. 합병증으로 다발성 장기 부전을 일으키는 경우가 있어 사망률이 높다.

증상이 나타나고 40분 이내에 체온을 낮추면 목숨을 구할 수 있다고 알려져 있으므로 현장에서 몸을 식히는 응급처치가 중요하다. 물을 뿌리고 부채질을 하거나 목 또는 겨드랑이 등을 식히면 효과가 높아진다. 물론 의식 불명 등의 심한 열사병일 경우는 즉시 119에 연락해야 한다.

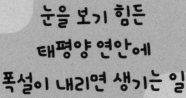

눈을 보기 힘든
태평양 연안에
폭설이 내리면 생기는 일

기온이 따뜻한 지역에도 눈이 내리는 이유는?

일본에서 눈이 내리는 지방이라고 하면 홋카이도, 도호쿠, 호쿠리쿠 등 동해와 인접한 지역을, 반대로 눈이 내리지 않는 지방이라고 하면 오키나와, 규슈, 시코쿠 등 태평양과 인접한 지역을 떠올릴 것이다. 그러나 몇 년에 한 번 정도는 태평양 연안 지역에도 큰눈이 내리는 경우가 있다.

겨울형 기압 배치(일명 서고동저)가 되어 대륙에서 영하의 매서운 한기가 흘러들면 눈이 내리기 쉬운 기후가 된다. 또한 겨울에 저기압이 동쪽을 향해 혼슈 남쪽 해상을 이동할 때도 태평양 연안에 눈이 내릴 가능성이 높아진다.

◆ 2010년 12월 31일의 일기도

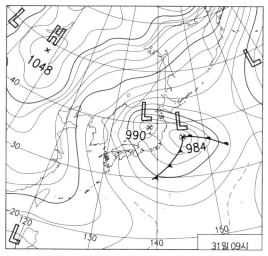

※일본 기상청 일기도에서

　눈이 많이 내릴 것이 예상될 때는 주의보나 경보가 발령되는데, 이 것은 지역에 따라 기준이 다르다. 가령 추운 호쿠리쿠(일본 주부 지역 에서 동해와 접한 후쿠이현, 이시카와현, 도야마현, 니가타현으로 구성됨) 지방의 니가타시에서는 평지의 6시간 적설량이 30센티미터일 때 경보가 발령되지만, 따뜻한 지역인 가고시마시에서는 평지의 12시 간 적설량이 10센티미터일 때 경보가 발령된다.

폭설이 내리면 어떤 일이 일어날까?

눈을 보기 힘든 지역에서는 대설 경보의 기준을 봐도 알 수 있듯이 10센티미터만 쌓여도 상황이 심각해진다. 과거에 가고시마시에서는 어떤 일이 일어났을까? 과거에 큰눈이 내렸던 사례를 바탕으로 살펴보자. 평지에 눈이 10~20센티미터 쌓였을 때다.

교통 마비와 교통사고 급증에 근린시설 휴관까지

겨울에 눈이 쌓이는 것에 대한 현실감이 없는 지역이라 무방비로 외부에 주차되어 있던 자동차와 이륜차가 눈에 파묻혀 버렸다. 눈을 털어내도 도로가 미끄럽기 때문에 선뜻 운전대를 잡지 못하고, 스노 체인을 타이어에 끼우려 해도 경험이 없는 탓에 악전고투했다. 애초에 스노 체인 자체를 구비하고 있는 사람이 얼마 없었다.

대중교통에 의지하려 해도 버스와 노면전차 모두 운행 정지 상태가 되었다. 대설의 영향으로 항공편도 대부분 결항이었다. 게다가 이럴 때는 바다의 파도도 거칠기 때문에 페리나 고속선 역시 모조리 결항했다. 무리해서 자동차를 몰고 나온 사람들도 국도나 고속도로가 노면 결빙과 적설로 전면 통행금지 상태인 탓에 움직일 수가 없었다.

또한 대설이나 노면 결빙이 직·간접적으로 원인이 된 교통사고가 80건 가까이 발생했다. 걸어서 이동하려고 해도 미끄럼 방지 기

◆ 폭설의 영향

능이 있는 신발을 갖고 있는 경우가 거의 없기 때문에 빙판 낙상사고로 다치는 사람이 속출했다.

동물원은 문을 닫고, 학교도 전부 휴교했다. 백화점과 슈퍼마켓 등도 휴업하거나 개점 시간을 늦추는 등 정상적으로 영업을 하지 못한 곳이 많았다.

수도관 파열과 정전 등 라이프라인 단절

물 빼기 작업을 해 놓지 않아 수도관이 파열되고, 쌓인 눈의 무게를 못 견디고 전선이 끊어져 정전 피해도 발생했다. 눈이 며칠 안에 그친다면 이 정도 피해로 끝나겠지만, 만약 1~2주 동안 계속된다면 기와지붕이 많은 가고시마에서는 눈의 무게를 버티지 못하고 지붕이 무너지는 사고도 발생할지 모를 일이었다.

또한 외출하지 못하는 상황에서 라이프라인도 끊어져 버린다면 생명의 위협으로 직결된다. 설령 운 좋게 피난소로 대피할 수 있더라도 대설 대책은 강구되어 있지 않을 터이므로 아무 도움이 되지 않을 수 있다. 화산재 대비는 되어 있어도 폭설 대비는 되어 있지 않기 때문에 상황이 심각해진다.

미래에 용오름이
증가할 것으로
예상되는 이유

지구 온난화와 용오름 증가의 관계

일본 기상청 기상연구소가 발표한 예측에 따르면, 지구 온난화가 진행된 2075~2099년의 일본에서는 격렬한 용오름(토네이도)이 발생하기 쉬운 기상 조건이 현재보다 몇 배로 증가할 것이라고 한다. 슈퍼컴퓨터를 이용한 시뮬레이션 결과, 봄에는 서일본과 간토 지방을 중심으로 2~3배, 여름에는 동해 연안 지방을 중심으로 거의 2배가 된다는 예측이 나왔다.

지구 온난화가 진행됨에 따라 일본 남쪽 해상의 해수면 온도가 상승해 대기 속의 수증기량이 증가하고, 그 결과 대기의 불안정성이 높아지는 것이 원인으로 생각된다. 현재의 기후로는 격렬한 용오름이 발생할 가능성이 낮을 것으로 여겨지는 북일본에서도 미래에는 봄철에 용오름이 발생할 것으로 예측되고 있다.

용오름, 다운버스트, 회오리바람의 차이

용오름은 발달한 적란운의 바닥에서 아래쪽으로 확장되며 소용돌이 모양의 구름이 내려오는 현상이다. 특히 용오름을 일으키기 쉬운 발달한 적란운을 슈퍼셀이라고 부른다. 특징은 급격한 회전을 동반해 깔때기 모양이 되는 것이다. 이것이 지표면에 도달하면 강렬한 바람이 되어 지표면에 있는 것들을 맹렬한 기세로 감아올리는데, 그런 까닭에 다른 기상 재해와 달리 피해의 범위가 매우 국소적이다. 풍속은 초속 100미터가 넘을 때도 있다고 한다.

일본에서는 용오름의 대부분이 연안부에서 발생하지만, 유일하게 내륙부임에도 많이 발생하는 지역이 있다. 바로 간토 평야다. 넓은 평야에서는 지표면의 융기로 인한 저항이 적은 까닭에 용오름이 발생하기 쉽다.

커다란 피해를 불러오는 격렬한 돌풍으로는 그 밖에도 다운버스트Downburst가 있다. 1978년에 미국에서 존재가 알려진 다운버스트는 발달한 적란운에서 차가운 공기가 불어 내려오는 현상으로, 용오름과 달리 소용돌이를 치지 않지만 매우 강력한 돌풍이기 때문에 국소적으로 피해를 불러온다. 이 다운버스트가 알려지기 전에는 피해

상황만을 보고 용오름 현상으로 혼동하는 일이 적지 않았다.

용오름과 비슷한 현상으로 회오리바람이 있다. 이것은 구름을 동반하지 않으며, 맑은 날에 지면이 따뜻해져서 생긴 상승 기류가 원인이 되어 지표 부근에서 발생한다. 풍속은 용오름에 미치지 못하지만 텐트 등을 날려 버리기도 하므로 주의가 필요하다.

용오름 증가에 대비한 예측 시스템 개발

일본 기상청의 데이터베이스에는 용오름 등 돌풍의 발생 건수가 기록되어 있지만, 연대에 따라 집계 방식이 다른 까닭에 그것만으로 발생 상황을 판단하기는 어렵다. 1990년대 이전의 경우는 기상청이 용오름으로 공표했던 것과 재해 보고, 조사·연구 보고, 신문 등의 자료를 수집한 결과 용오름이라고 판단한 것이 함께 집계되어 있으며, 피해가 없는 해상 용오름은 집계되어 있지 않다.

그리고 1991년부터는 다운버스트가 용오름과 구별되기 시작하면서 발생 건수가 크게 감소했으며, 피해가 없는 해상 용오름은 기상청에서 확인할 수 있었던 일부 목격 정보를 바탕으로 집계되어 있다.

2007년 이후로는 보도와 목격 정보를 포함한 광범위한 정보원으로부터 발생 사례를 수집하는 등 조사 체제가 강화되었다. 또한 상세한 현지 조사를 통해 용오름이 원인인 돌풍 재해 사례를 특정하게 되었다. 그 결과 용오름 발생 건수가 증가한 것처럼 보이지만, 단순히

◆ 용오름의 연도별 발생 확인 건수(1961~2017년)

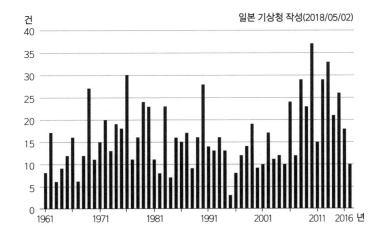

비교해서는 안 되기 때문에 용오름이 증가했다고는 단언할 수 없다. 스마트폰의 보급과 SNS 이용자의 증가로 누구나 동영상을 촬영하고 공유할 수 있게 된 결과 용오름의 영상을 볼 기회는 늘어나고 있다.

현재는 슈퍼셀의 발생 예측을 기반으로 삼고 있을 뿐, 용오름 자체를 예측하지는 못하고 있다. 그래서 일본 기상청 기상연구소는 JR 동일본(동일본여객철도) 등과 협력해 AI를 활용한 예측 시스템을 개발하고 있다. 정확한 예측을 위한 열쇠는 더욱 세밀한 관측망과 슈퍼컴퓨터의 계산 속도 향상이다. 용오름이 앞으로 증가할 가능성이 있음을 감안하면 용오름에 관한 지식을 익히고 용오름에 대비해야할 것이다.

벼락과 번개가
잦은 지역은
따로 있다!?

낙뢰 발생 건수가 가장 많은 지역은 어디일까?

낙뢰 또는 벼락은 번개와 천둥을 동반하는 급격한 방전 현상이다. 일본에서 가장 낙뢰가 많이 발생하는 지역은 동해 연안인 호쿠리쿠 지방의 이시카와현이다. 전국의 1년간 평균 낙뢰 발생 일수는 약 19일인데, 이시카와현은 약 42일로 전국 평균보다 2배 이상 낙뢰가 발생하고 있다. 참고로 2위는 후쿠이현, 3위는 니가타현, 4위는 도야마현이다. 흔히 태평양 연안인 간토 지방에 낙뢰가 많이 발생한다고 알려졌지만 실제로는 호쿠리쿠 지방에서 자주 발생한다. 또한 낙뢰의 대부분이 겨울철에 발생해 '겨울 번개'라고도 불린다.

호쿠리쿠 지방에서 겨울철에 발생하는 낙뢰의 특징은 간토 지방

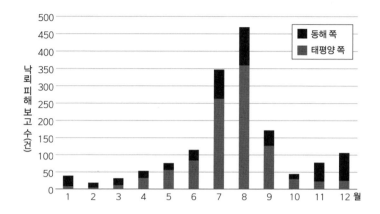

◆ 낙뢰 피해의 보고 건수(2005~2017년)

에서 여름철에 발생하는 낙뢰에 비해 번개의 에너지가 100배 이상 크다는 것, 낙뢰의 수는 적지만 하루 종일 뇌운이 발생한다는 것, 해안선에서 35킬로미터 이내의 동해 연안에 많이 발생한다는 것, 그리고 겨울철의 적란운이 여름철에 비해 그 두께가 더욱 얇고 규모가 작다는 것이다.

낙뢰를 발생시키는 겨울철의 적란운은 비교적 따뜻한 동해의 쓰시마 난류에 시베리아에서 차가운 공기가 흘러들어 와 수증기가 계속 공급되면서 발생한다. 이 구름은 발달하면서 계절풍을 타고 동해 쪽으로 이동해 눈이나 진눈깨비 등을 내린다.

간토 북부 지방 여름철 낙뢰의 번화가인 이유

간토 지방 북서부에 위치한 군마현에서는 여름철의 잦은 낙뢰가 두려워 번개의 신을 모시는 신사를 80곳이나 세웠다. 이런 신사는 군마현의 남동부에 많은데, 이 지역뿐만 아니라 간토 평야의 북서부에도 집중되어 있다. 또한 여름철에 낙뢰가 많은 간토 북부 지방의 군마현·도치기현·이바라키현은 낙뢰의 번화가로도 불리며, 군마현에 원류를 둔 도네강과 그 지류에 번개의 길이 있다고 알려져 있다.

그렇다면 왜 간토 북부 지방에서 낙뢰가 많이 발생하는 것일까? 여름철의 낙뢰 발생 장소를 조사해 보면 일정한 경향이 보이는데, 그 이유 중 하나는 지형에 있다. 군마현에는 아카기산과 하루나산을 비롯한 미쿠니산맥이 간토 평야의 북서부를 둘러싸듯이 자리하고 있다. 또한 도치기현의 우쓰노미야시에서 닛코시에 걸친 지형도 마찬가지다. 북쪽에 나스 연산連山(잇대어 있는 산), 서쪽에 닛코 연산이 있고 남동쪽이 평야 지역이어서 군마현과 유사한 지형을 이루고 있다.

여름철에는 태평양 쪽에서 불어온 바람이 이 산악 지대에서 상승 기류를 일으키며, 그 결과 번개와 천둥을 몰고 오는 뇌운이 발생하기 쉬워진다. 그리고 이 뇌운은 상공의 서풍을 타고 동쪽이나 동남쪽으로 이동하기 때문에 그 지역들에서 낙뢰가 많이 발생하는데, 뇌운이 지나가는 길이 도네강의 흐름과 유사하다.

◆ 여름철의 간토 북부 지방에서 뇌운의 주된 이동 경로

우박을 동반한 벼락이 농작물에 입히는 막대한 피해

호쿠리쿠 지방에서는 뇌운이 눈이나 싸라기눈의 전조로서 긴 시간 머물지만, 간토 지방에서는 적란운이 크게 발달해 단시간에 집중 호우를 내리고 그친다. 시간으로는 1시간 이하인데, 여기에 우박이 동반되기도 한다.

우박은 매우 발달한 적란운에서 떨어진 지름 5밀리미터 이상의 얼음덩이다. 같은 얼음이라도 이보다 작은 알갱이는 싸라기눈이라고 부른다. 간토 지방에서 내리는 우박은 지름 2센티미터 정도의 크

기가 대부분이며, 5센티미터가 넘을 때도 있다. 지름 2센티미터의 우박이 낙하하는 속도는 초속 16미터 정도다. 빗방울과 달리 고체이기에 충돌하는 힘이 커서 유리창을 깨거나 농작물 등에 피해를 입힌다.

동해 연안의 경우는 우박이 떨어지는 시기가 작물 재배를 하지 않는 겨울철인 까닭에 피해가 거의 발생하지 않지만, 간토 북부나 나가노현·야마나시현 등에서는 많은 작물이 자라는 시기인 여름철에 우박이 내리기 때문에 피해가 막대하다. 거대한 뇌운이 발생했을 때는 뇌운의 이동과 함께 돌풍이나 우박에도 주의를 기울여야 한다.

호우 재해에서
벗어날 길은 없는가?

계속 증가하고 있는 호우 재해

일본의 방재과학기술연구소가 발표한 분석 결과에 따르면, 2019년
에 시나노강(나가노현과 니가타현에 걸친 일본에서 가장 긴 강)을 범람
시킨 태풍 19호(하기비스)의 호우는 '100년에 한 번' 수준을 넘어선
것이었다고 한다.

그 밖에도 이산화탄소 같은 온실 가스의 배출 증가로 지구 전체의
평균 기온이 상승해 호우가 더욱 격렬해지고 있을 뿐만 아니라 빈도
도 높아지고 있다는 연구 보고가 잇달아 발표되고 있다. 특히 해수
면의 온도가 상승하면 열에너지가 저기압을 강화하게 된다.

◆ 규슈 북부 호우의 메커니즘

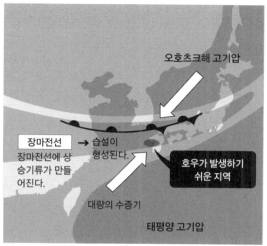

※일본 기상청의 자료에서
*습설: 일본열도 깊숙이 들어오는 습기가 많은 혀 모양의 기류.

규슈에 내리는 큰비의 전형적인 기압 배치

일본 장마철이 끝날 무렵인 7월이 되면 규슈 북부에 호우가 내렸다는 소식이 종종 보도된다. 2012년 7월과 2017년 7월에 호우로 인한 피해가 발생했다. 또한 과거를 살펴보면 이틀 동안 572밀리미터의 강우량을 기록하며 토사 재해 등으로 나가사키 시내에서 29명의 사망자 및 행방불명자가 나온 1982년 7월의 '나가사키 호우', 하루 만에 1,000밀리미터가 넘는 큰비가 내려 나가사키현에서 705명, 이사하야시에서 586명의 사망자 및 행방불명자가 나온 1957년 7월의

'이사하야 호우' 등이 있었다.

규슈 지방, 특히 북부는 과거부터 호우에 큰 피해를 입은 적이 많다. 그런 호우들은 전부 장마철이 끝날 무렵에 서일본을 찾아오는 장마 전선에 동반된 것이다. 그리고 호우가 내릴 때의 일기도는 하나같이 매우 유사해서, 발달한 저기압에 동반된 장마 전선이 규슈 북부에서 정체되고 다량의 수증기를 머금은 따뜻한 공기가 동중국해에서 계속 유입된다.

장마철이 말기에 접어들면 태평양 고기압의 세력도 강해져서 일본 열도에 접근한 고기압이 난세이 제도까지 세력을 뻗친다. 오호츠크해 고기압과 태평양 고기압의 세력이 균형을 이루고 여기에 편서풍까지 더해져 전선상에 적란운이 잇달아 발생하며, 그중 대부분에서 선상 강수대(여러 적란운이 선 모양으로 이어져 비를 내리는 범위)가 발생한다. 적란운의 수명은 짧지만 계속해서 새로운 적란운이 발생해 많은 양의 비를 내리게 하는 것이다.

열섬 현상의 원인인 게릴라 호우

규슈의 경우는 장마 전선이나 가을장마 전선에 동반되는, 때로는 태풍이 전선을 자극해서 발생하는 호우가 많은데, 간토 지방에 내리는 호우는 경향이 이와 다르다. 그것은 도시형 게릴라 호우로, 짧은 시간 동안 좁은 지역에 위협적인 폭우를 쏟아붓는다. 도시형 게릴라

◆ 전선을 자극하는 태풍

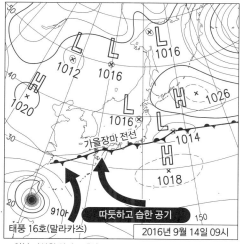

※일본 기상청 일기도에서

호우는 열섬 현상이 주요 원인으로 분석되고 있다.

　게릴라 호우는 습한 공기가 흘러들어 오는 시기나 태평양 고기압
이 약해져 상공에 찬 기운이 유입되어 대기가 불안정해지는 8월 중
순에 많이 발생하는 현상이다. 이 호우의 특징은 사전에 예측하기가
어렵다는 점이다. 일본의 기상 예보 회사인 웨더뉴스에 따르면, 국
지적인 뇌우가 가장 많이 발생하는 지역은 면적이 넓은 홋카이도지
만 그 밖에는 이바라키현·사이타마현·지바현 등 도쿄 주변 지역이
상위를 차지하고 있다. 또한 오사카부나 효고현에서도 많이 발생하
는 경향이 있다.

태풍이 가을장마 전선을 자극한다

가을장마 전선의 시기는 태풍이 활발히 발생해 일본 부근으로 접근하는 시기와 겹친다. 그래서 태풍의 에너지원인 따뜻하고 습한 공기가 가을장마 전선으로 운반되어 전선을 더욱 활성화시킨 결과 큰비가 내리게 된다.

이러한 현상을 일기예보에서는 '태풍이 전선을 자극한다'는 식으로 표현한다. 이것은 태풍의 진로나 적란운의 나선팔 위치와 관계가 있으며, 다른 지역보다 산지의 남쪽 경사면에 큰비를 내린다.

4장

재해를 막기 위한
다방면의 노력들

지진이 발생했을 때 일어나는 지면의 변화

지진이 발생하면 지면에 액상화 현상이나 토사 재해 같은 다양한 변화가 일어난다. 토사 재해에는 산사태, 토사 붕괴, 토사류(홍수로 산사태가 나서 진흙과 돌이 섞여 흐르는 것) 등이 있다. 겨울철에는 눈사태도 위험하다.

연약 지반에 나타나는 액상화 현상

1장에서도 설명했지만, 연약 지반에서는 액상화 현상이 발생하는 경우가 있다. 동일본 대지진 당시는 수도권인 지바현 우라야스시와 지바시 등 넓은 지역에서 이런 액상화 현상이 발생했다. 단독 주택의 건물이 기울고, 모래가 분출(분사)되거나 하수도관이 떠올라 도로를 사용할 수 없게 되었다. 또한 장기간 하수도를 사용할 수 없게 됨에 따라 구조상으로는 문제가 없었던 고층 아파트에서도 생활에 지장이 생겼다.

액상화가 발생하기 쉬운 장소는 해저드맵(재해 예측 지도)으로 공개되어 있으므로 지반 피해(액상화) 지도를 보고 자신이 사는 곳의 위험성을 파악할 수 있다.

급경사 위험 지역에서 일어나는 산사태와 토사 붕괴

동일본의 동해 쪽 지역이나 시코쿠 중앙부 등에는 지반 구조상 산사태가 발생하기 쉬운 장소가 있다. 이런 장소는 '급경사지의 붕괴로 인한 재해 방지에 관한 법률'(급경사지법)에 의거해 '급경사지 붕괴 위험 지역'으로 지정되어 있다. 따라서 위험한 경사 지역이나 절벽의 위치가 공개되어 있다.

그 밖에도 토사 재해 경계 구역으로서 토사류나 산사태의 피해를 입기 쉬운 지역이 지정되어 있으며, 토사류 발생이 예상되는 위험 계곡, 급경사지의 붕괴 위험 장소, 산사태 위험 장소, 겨울철의 눈사태 위험 장소가 공개되어 있다.

해저드맵이나 과거 지도를 통해 재해 지역 확인

일본 국토교통성의 웹사이트인 '우리 동네 해저드맵'은 다양한 지역의 해저드맵을 망라한 원스톱 서비스다(한국의 경우 정부가 운영하는 국민재난안전포털에서 '재해현황' 중 '재해위험지구'에 대한 정보를 제공하고 있다-편집자). 인터넷에 공개되어 있는 해저드맵은 이곳에 전부 링크가 공개되어 있으니 꼭 확인해 보기 바란다(https://disaportal.gsi.go.jp/hazardmap/).

만약 해저드맵이 공개되어 있지 않을 경우는 과거의 지도를 살펴보면 재해 장소가 어디였는지 알 수 있다. 가령 사이타마대학교 교육학부의 다니 겐지 교수(인문지리학 연구실)가 개설한 시계열時系列 지형도 열람 사이트 '고금의 지도 on the web'에서는 전국의 모든 지도까지는 아니지만 과거의 지도 및 사진과 현재의 지형도를 함께 볼 수 있다(http://ktgis.net/kjmapw/kjmapw.html). 이런 웹사이트에서 그 장소의 내력을 확인하는 것도 좋은 방법이다.

지진에 강한 집이란 어떤 집일까?

1981년에 개정된 일본의 건축 기준법에 의거한 현재의 내진 기준은 진도 5의 지진에 견딜 수 있고(허용 응력도) 진도 6~7의 지진에도 쓰러지거나 붕괴되지는 않을 것(보유 수평 내력)을 요구한다. 따라서 주택이나 아파트를 구입할 때는 건축 기준법 개정 후에 건설된 건물

혹은 내진 진단에서 현행 내진 기준을 통과한 건물인지의 여부가 하나의 기준이 될 것이다.

건축 기준법이 개정되기 전에 지어진 건물이라도 나중에 내진 보강 공사를 할 수 있으므로 이런 공사를 하면 안전성이 향상된다.

내진 기준을 충족한다면 한 차례의 대규모 지진에 쓰러지지 않는다고 말했지만, 사실 여러 차례의 지진에는 견디지 못하거나 복구하는 것도, 장기간 이용하는 것도 어려워지는 경우가 있다.

그래서 면진免震이나 제진除震 시공이 보급되고 있으며, 최신 고층 아파트에서는 제진이나 면진을 세일즈 포인트로 삼기도 한다. 제진은 에너지를 흡수하는 부재를 사용해 주요 구조재의 파손을 막는 것이고, 면진은 지진의 에너지가 전달되지 않도록 차단하는 구조로 시공하는 것을 말한다. 면진 장치는 장기적(20년 전후)으로 유지 관리하거나 교체하는 것이 필요하기는 하지만 매우 우수한 기술이다.

제진과 면진 모두 지진이 발생한 뒤에도 계속해서 건물에서 살 수 있게 하는 기술이라고 할 수 있다. 초기 비용은 증가하지만 안전을 보장하기 위해 아파트를 중심으로 보급이 증가하고 있다.

대지진이 일어나면
가장 먼저
해야 할 일은?

자신의 생명을 지키는 것이 가장 중요

도난카이 대지진, 수도首都 직하 지진 등 미래에 발생할 것이 우려되고 있는 지진들이 있는데, 그렇다고 다른 곳은 지진을 걱정하지 않아도 된다는 이야기가 아니다. 언제 어디에서 지진이 일어날지는 아무도 알 수 없음을 항상 명심하자.

직하형 대형 지진의 경우는 긴급 지진 속보(지진 조기 경보 시스템)가 지진 발생과 거의 동시에 발령되거나 발령 시각을 놓칠 가능성이 있다. 이러한 때 사전에 대비한다는 것은 불가능하므로 그 자리에서 취해야 할 행동 가운데 가장 중요한 것은 자신의 생명을 지키는 일이다.

"지진이다! 몸을 지켜라!"를 먼저 외친다

"지진이다! 몸을 지켜라!"라는 말을 기억해 놓자. 과거 일본에는 지진이 원인이 되어서 일어나는 화재를 방지하기 위해 "지진이다! 불을 꺼라!"라는 선전 문구가 있었다.

그러나 현재는 난로 같은 전열 기구에 자동 소화 장치가 내장되어 있거나 가스계량기에도 자동 차단 장치가 대부분 설치되어 있다. 그러므로 즉시 불을 끌 필요는 없다. 흔들림이 진정되면 피난하기 전에 불을 끄고 밸브를 잠가 놓자.

또한 정전되기 전에 사용했던 전기난로 등이 전원이 복구될 때 화재를 일으키는 경우가 있으므로 전기 기구의 스위치를 끄고, 집을 떠날 경우에는 아예 차단기를 내린다.

'위험이 없을 만한 장소'를 찾는다

구체적으로는 '위험한 사고가 일어나지 않을 장소'를 찾는다. 커다란 물건이나 무거운 물건이 떨어지지 않을 장소, 가구나 건물, 담장 등이 쓰러지지 않을 장소, 바퀴가 달린 무거운 가구가 움직여서 덮치지 않을 장소를 찾아서 피신한다.

거리를 걷고 있을 때라면 유리, 간판 등이 떨어지거나 전신주가 쓰러질 위험, 그 결과 전선이 떨어질 위험도 있다. 자동판매기나 벽돌담도 쓰러질 위험이 높으므로 건물이나 구조물에서 멀리 떨어지고, 가방 등을 가지고 있다면 머리 위로 들어올려서 머리와 목을 보호하자.

운전은 위험! 자동차를 세워두고 피신한다

자동차를 운전하고 있었다면 비상등을 켜고 주위에 있는 자동차들의 상태를 살피면서 천천히 도로 가장자리에 자동차를 세운다. 진도 5 정도라면 운전을 계속하는 차량이 많기 때문에 진도 7의 강진보다 교통사고가 더 많이 일어난다고 알려져 있다. 주변 자동차들의 움직임에 충분히 주의를 기울이자.

자동차를 세운 뒤에는 라디오 등으로 지진 정보를 수집한다. 또한 자동차를 두고 피신할 때는 문을 잠그지 말고 열쇠를 꽂아 놓은 채 (스마트키라면 계기판 근처 등 눈에 잘 띄는 곳에 놓아둔 채) 빠져나올 것이 권장되고 있다. 스마트키는 보조 열쇠가 스마트키 안에 내장되어 있으므로 피신할 때 그것을 빼서 가져가는 것이 좋다.

긴급 지진 속보가 발령되었다면

지진 발생에 앞서 긴급 지진 속보가 발령된 경우는 지진의 강한 흔들림이 도달하기 전에 위와 같이 안전 확보를 위한 행동을 먼저 취할 수 있다. 남은 시간이 몇 초밖에 없을지도 모르지만 안전을 확보하기 위해 효과적으로 활용하자.

지진이 먼 곳에서 발생했다면 흔들림을 느끼지 못할 수도 있지만, 시간을 두고 쓰나미가 도달할 수 있다. 뉴스나 지진 정보를 통해 상세한 내용을 확인하고 다음 단계의 위험에 대비하자.

쓰나미나 화재의 가능성이 있다면 안전한 곳으로 피해야 한다. 쓰나미의 경우는 시간 여유가 있다면 수평 방향으로, 그럴 여유가 없다면 (쓰나미 피난 장소 표시가 있는) 고층 빌딩의 위층 등 수직 방향으로 피난한다. 피난하는 데 시간이 걸리는 약자(고령자·장애인·부상자·환자)는 일찍 피난을 시작해야 한다.

일단 피난한 뒤에 시간 여유가 생기면 집으로 돌아가고 싶어질 수도 있다. 하지만 안전을 확인하기 전까지는 대피소나 안전한 장소에 머물러야 한다.

'쓰나미 각자도생',
'볏가리의 불'은
무슨 말일까?

모두가 피난에 성공하자는 의미 담은 '쓰나미 각자도생'

'쓰나미 각자 도생'은 동일본 대지진 이후에 유명해진 말이다. 이것은 구전되는 일화에서 유래된 말이 아니라 1990년 11월에 이와테현에서 개최된 '전국 연안 도시 쓰나미 서밋'에서 만들어진 표어다.

단순하게 쓰나미가 오면 각자 알아서 피하라는 의미로 받아들이면 매정한 말처럼 들릴 수도 있을 것이다. 그러나 이 표어를 제창한 쓰나미 재해사 연구가는 "우리가 사는 지역은 스스로 지킨다"라는 의미도 담겨 있는 말이라고 설명했다.

그런 생각을 가지고 평소에 피난 약자의 지원이나 안전 확인과 관련해 미리 약속을 정해 놓으면 피난이 늦어지거나 피난하지 못하는 사람이 발생하는 사태를 방지하고 모두 안전하게 피난할 것이라는 믿음 아래 자신의 안전을 확보하기 위한 최선의 행동을 할 수 있다는 것이다.

구체적인 사례로는 '가마이시의 기적'이 유명하다. 이것은 이와테현 가마이시시의 한 초등학교와 중학교에서 '쓰나미 각자도생'을 표어로 방재 훈련을 받았던 학생 약 3,000명 중 거의 전원이 동일본대지진 상황에서 생존한 사례다. 지진 직후부터 교사의 지시를 기다리지 않고 피난을 시작한 학생들은 "쓰나미가 올 거예요. 도망쳐야 해요!"라고 주위에 알리면서 유모차를 밀고 고령자의 손을 잡아끌며 높은 지대를 향해 달려 무사히 피난에 성공했다고 한다.

또한 이 표어는 피난 과정에서 누군가를 돕지 못했다고 해서 죄책감을 느낄 필요는 없다는 생존자를 향한 격려의 메시지도 담고 있다.

위험을 알려 목숨을 구한 '볏가리의 불' 이야기

《볏가리의 불》은 일본으로 귀화한 영국인 소설가 고이즈미 야쿠모(패트릭 라프카디오 헌)의 단편 소설 〈살아 있는 신A Living God〉을 나카이 쓰네조가 번역한 책의 제목으로, 안세이 난카이 지진 쓰나미 당시의 실화가 바탕이 되었다.

지진으로 땅이 오랫동안 흔들린 뒤 바닷물이 빠져나가는 것을 보고 곧 쓰나미가 밀려올 것임을 알아챈 고헤라는 나이 든 촌장이 열심히 축제 준비를 하고 있는 마을 사람들에게 위험을 알리기 위해 수확해 놓았던 자신의 볏가리(탈곡한 볏짚더미)에 불을 질렀다. 이에 마을 사람들은 불을 끄기 위해 높은 곳으로 모여들었고, 덕분에 쓰나미에서 목숨을 구할 수 있었다는 이야기다.

1854년 12월 23일과 24일에 안세이 도카이 지진과 난카이 지진이 연속해서 발생해 수많은 희생자를 냈다. 24일 저녁에 발생한 난카이 지진 쓰나미는 어두워진 마을을 덮친 탓에 사람들이 피난하는 데 어려움을 겪었다. 이 이야기에 등장하는 촌장 고혜의 실제 모델은 야마사 간장醬油의 7대 당주인 하마구치 기혜다. 여러 학교를 설립한 독지가이기도 했던 그는 자신의 볏가리에 불을 질러서 피난할 곳을 알려줌으로써 마을 주민들의 피난을 도왔다고 한다.

또한 지진과 쓰나미 발생 후에 사재를 털어 방조제(히로무라 제방)를 건설하는 등 마을의 부흥에 힘써 마을 주민의 유출을 막았다. 이 방조제는 1946년에 발생한 쇼와 난카이 지진의 쓰나미에서 마을을 구했다고도 전해진다.

참고로 패트릭 헌의 원작은 교과서에 실린《볏가리의 불》보다 실화를 충실히 반영했다. 쓰나미가 몰려옴을 알리기 위해 갓 수확한 벼에 불을 지르는 장면은 나카이 쓰네조의 창작이며, 원작에는 방조제의 건설에 관해서도 언급되어 있다.

정상화 편향과 집단 동조화 편향을 경계해야

우리는 무엇인가 평소와 다른 일이 일어나더라도 무의식적으로 '괜찮겠지'라고 판단해 피난을 호소하거나 앞장서서 피난하기를 주저하는 경향이 있다. 이것을 정상화 편향이라고 부르며, 피난이 늦어지는 커다란 원인으로 알려져 있다. '쓰나미 각자도생'이라는 표어에는 이 정상화 편향을 방지하는 의미가 담겨 있다고 한다.

한편 다들 안 하니까(혹은 다들 하니까) 나도 안 한다(나도 한다)는 심리는 집단 동조화 편향이라고 부른다. 《볏가리의 불》에 묘사된 축제 준비에 열중하는 마을 사람들의 모습이나 불을 끄기 위해 모여든 마을 사람들의 심리가 좋은 예다. 이런 일화들은 우리가 지닌 편향된 심리에 대한 경계이기도 하다.

한편 나카이가 번역한 《볏가리의 불》은 정서적으로 감정을 흔드는 명문이기는 하지만 노인에 대한 존경이나 자기희생의 연출 등 의도적인 묘사가 있다는 것도 유념할 필요가 있다. 그럼에도 이 이야기는 우리 한 사람 한 사람이 할 수 있는 일, 또 해야 할 일은 무엇인지 생각해 보는 기회를 제공한다.

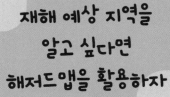

재해 예상 지역을
알고 싶다면
해저드맵을 활용하자

재해 종류에 따라 다양한 시나리오가 표시된 해저드맵

앞에서도 살펴봤듯이, 일본의 해저드맵은 해저드(재해)로 인한 피해를 예상한 지도를 말한다. 광역자치단체에서 제작하며 기초자치단체가 상세한 해저드맵을 배포한다.

해저드맵에는 홍수, 내수 범람, 저수지 범람, 폭풍해일, 쓰나미, 토사 재해, 화산, 그리고 지진 관련(진도별 피해, 지반 피해, 액상화, 건물 피해, 화재 피해, 피난 피해) 등 수많은 종류가 있다. 홍수, 내수 범람, 저수지 범람은 서로 비슷한 재해처럼 보이지만, 각각의 해저드맵에서 가정하는 시나리오는 저마다 다르다.

홍수는 인근 하천의 둑이 무너졌을 경우에 침수 깊이나 기간을,

내수 범람은 '1시간에 80밀리미터' 같은 도시의 설계 기준을 초과하는 비가 내린 경우에 침수될 위험성이 높은 장소를, 저수지 범람은 집중 호우 등으로 저수지의 둑이 무너졌을 때의 침수 예상 지역을 보여준다. 각각의 해저드맵에는 어떤 재해를 가정한 것인지가 적혀 있으므로 그것을 참조하기 바란다.

이처럼 해저드맵에는 많은 종류가 있다. 그것을 감안해 '우리 동네 해저드맵' 사이트에는 대표적인 해저드맵을 지도상에 함께 표시하는 기능도 추가되어 있다. 방문할 곳의 재해 위험성을 간편하게 파악하고 싶을 때는 이 기능을 이용하면 매우 편리하다.

내가 사는 마을의 해저드맵은?

많은 기초자치단체의 관청에서는 해당 지역의 해저드맵을 공개하고 있다. 자신이 살고 있는 장소의 재해 위험성을 알고 싶다면 그런 해저드맵들을 직접 보는 편이 빠를 때가 있다. 광역자치단체나 기초자치단체 중에는 재해 정보를 망라한 방재 포털 웹사이트를 만들어 놓은 곳이 많은데, 재해 포털사이트에 링크가 없는 해저드맵도 많기 때문에 주의가 필요하다.

컴퓨터를 잘 다루는 사람이라면 웹사이트 검색을 통해 편리하게 해저드맵을 찾을 수 있다. 또 공공기관이나 지역 문화센터 등에 비치된 안내책자 등의 인쇄물을 통해 정보를 얻을 수도 있는데, 재고가 부족할 경우에는 지역 담당 부서에만 있을 때도 있다. 재해가 발생하면 안내책자 등이 빠르게 동이 나므로 평소 여유 있을 때 갖춰 놓는 것이 좋다.

재해 위험은 발생 빈도와 피해 규모를 함께 고려해야

여러 종류의 해저드맵이 있다는 말은 바꿔 말하면 생활 속에서 위험 가능성이 있는 재해의 종류가 그만큼 많다는 의미다. 따라서 이런 다양한 위험요소 가운데 특정한 것에만 두려움을 느껴서 그 위험요소에만 지나치게 대비하는 것은 그다지 의미가 없다.

실제 재해 리스크는 발생 빈도와 피해의 규모를 함께 고려해야 한다. 침수가 빈번히 발생하는 장소라면 피해가 경미하더라도 대비할 필요가 있겠지만, 재해가 몇 천 년에 한 번 일어날까 말까 한 지역에 거액의 비용을 들여서 큰 재해에도 견딜 수 있는 건물을 짓는 것은 것은 무의미하다.

해저드맵에서 가정하지 않는 것

한편 해저드맵에서 재해를 가정하지 않거나 공개되어 있지 않은 것도 있다. 일반인이 이해하거나 평가하기 어려운 내용 또는 잘못 해석하면 유언비어 등의 위험한 정보가 될 수 있는 것이 여기에 해당

한다. 정보의 위험성이나 의미를 객관적으로 평가할 수 있는 경우에
는 중앙 방재 회의의 토의 자료가 공개되어 있으니 그런 자료나 보
고서를 보면 더 정확하게 이해할 수 있을 것이다.

　재해가 일어난 후가 아니라 재해가 일어나기 전에 정보를 손에 넣
어서 자신은 물론 소중한 사람들을 보호하는 데 활용하기 바란다.

재해 발생 시
알아두면 유용한
인터넷 활용법

재해가 발생하면 인터넷에서는 무슨 일이 일어날까?

대규모 재해가 발생해 정전이 되었더라도 이동 통신사 기지국에는
배터리나 자가 발전 장치가 설치되어 있어서 몇 시간 동안은 휴대폰
이나 스마트폰을 이용할 수 있다.

한편 문자 메시지를 송수신하거나 웹사이트를 표시하는 서버는
설치 장소가 물리적으로 파괴되거나 정전이 되면 이용할 수 없게 되
기 때문에 문자 메시지 전송에 긴 시간이 걸리거나 송수신이 되지
않을 수 있다. 물론 고정 전화기도 쓸 수 없게 된다.

이때 스마트폰을 이용해 실시간으로 재난 정보를 얻거나 상황을
공유하고 도움을 요청하는 인터넷 활용법은 무엇인지 알아보자.

다양한 안부 확인 서비스를 이용하자

휴대폰이나 고정 전화기를 쓸 수 없게 되더라도 공중전화망은 이용 가능할 때가 있다. 일본에서는 큰 재해가 일어나 전화가 연결되지 않을 때, 페이스북 같은 소셜 미디어로 자신의 안부를 전달하는 것 외에, 171(NTT 동일본·서일본의 재해용 메시지 전달 다이얼)이라는 전언 메시지 서비스를 사용해 나의 안부를 녹음으로 남기거나 상대가 남긴 녹음 메시지도 들을 수 있다. 1년에 몇 차례 체험 이용일이 있으니 정보를 등록·확인하는 방법을 연습해 두자. 그 밖에 이동 통신사에도 재해 발생 시 메시지를 게시할 수 있는 서비스를 제공한다.

재해용 메시지 전달 다이얼의 인터넷 버전인 web171도 있는데 (https://www.web171.jp/) 스마트폰 등을 통해서 이곳에 안부 정보를 등록할 수 있다.

또한 구글은 이름만으로도 다양한 안부 정보를 검색해 확인할 수 있는 '사람 찾기'라는 서비스를 제공하고 있다. SNS도 각종 안부 확인 기능을 제공하고 있다. 페이스북은 재해가 발생했을 때 안부 확인 서비스를 제공하고 있으며, 동일본 대지진 이후에 안부 확인을 위해 라인의 '읽음' 확인 기능이 만들어진 것은 유명한 이야기다.

비상시에 어떤 서비스를 사용할지, 가족이나 안부 확인을 하고 싶은 사람과 미리 이야기를 나누기 바란다.

재해 발생 시 정보를 얻을 수 있는 서비스들

재해가 발생했을 때의 정보 수집에는 방재 포털 서비스가 도움이 된다. 일본에는 국토교통성이 설치한 국가 차원의 방재 포털 서비스가 있어서 스마트폰에서도 이용이 가능하다. 또한 광역자치단체나 기초자치단체도 방재 포털 서비스를 설치해 운영하고 있다.

재해 전체의 상황을 알고 싶을 경우나 재해가 발생했을 때 예상되는 피해 정도나 예방 대책을 파악하고 싶다면 국토교통성의 방재 포털이 유용하다. 한편 대피소의 개설 상황이나 피난 지시 등은 기초자치 단체의 포털 서비스에 자세히 기재되어 있다. 다만 재해의 규모가 커서 기초자치단체의 관청 자체가 피해를 입었을 경우는 광역자치단체의 방재 포털이 그 역할을 담당한다.

재해가 발생하면 방재 포털이나 뉴스 사이트에 접속하기가 어려워진다. 통신량과 시간을 절약하기 위해서도 지방자치단체의 방재 포털 사이트나 뉴스 사이트를 즐겨찾기에 등록해 놓자. 뉴스는 웹사이트보다 스마트폰 앱을 이용하는 편이 더 원활하게 업데이트할 수 있는 경우가 많다.

많은 지방자치단체에서 대피소 등이 기재된 해저드맵을 PDF 파일 형태로 배포하고 있으니 평소에 스마트폰에 다운로드해 놓자. 구글 지도 같은 지도 앱에는 평소에 이용하는 지역의 지도를 미리 다운로드해 놓는 기능이 있다. 이 기능을 이용하면 정전으로 통신이 불가능해져도 GPS의 정보만으로 지도를 이용할 수 있다.

회사 서버 파손에 대비해 클라우드 서비스 활용

일본 내의 인터넷 서비스가 불안정할 경우라도 클라우드라고 부르는 유연한 네트워크는 원활하게 이용할 수 있다. 동일본 대지진 당시, 회사가 독자적으로 설치한 서버를 통해서 제공했던 이메일이나 홈페이지 서비스는 서버가 파손되는 바람에 대부분 이용할 수 없게 되었지만 클라우드상에서 운용되었던 트위터는 안정적인 이용이 가능했다.

클라우드상에서 작동하고 있는 각종 SNS, 마이크로소프트나 구글이 제공하는 서비스는 재해가 발생해도 이용할 수 있을 가능성이 높다. 앞으로도 새로운 서비스가 속속 등장할 것으로 예상되므로 그런 서비스들을 효과적으로 활용해 안전과 안심을 확보하기 바란다.

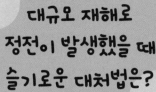

대규오 재해로
정전이 발생했을 때
슬기로운 대처법은?

가정에서의 초기 대응이 내 생명을 살린다

대규모 재해로 정전이 발생했을 때 가장 먼저 해야 할 일은 자신의 안전을 확보하는 것이다. 요즘에는 지진이 난 경우 가스계량기에 가스가 자동 차단되는 기능이 달려 있고 주방 기구에도 자동 소화 장치가 설치되어 있으므로 당황할 필요는 없다. 정전이 발생하기 전에 사용하고 있던 조리기구나 난방기구 등을 확인하고 스위치를 꺼 놓자. 전원이 복구되어 전기난로가 다시 작동했을 때 지진으로 전기난로 위에 떨어진 의류나 종이에 불이 붙어 화재가 발생하는 사태를 방지하기 위함이다. 정전이 장기화되거나 집을 벗어날 경우에는 가스 밸브를 잠그고 누전 차단기를 내리도록 한다.

정전이 되었을 때 일어나는 일

정전이 되면 조명이나 냉난방 기구의 대부분은 사용이 불가능해진다. 가스나 등유를 사용하는 기구라도 전기가 필요한 팬히터나 급탕기는 사용할 수 없게 된다. 휴대폰이나 스마트폰은 기지국의 전원이 들어와 있다면 이용이 가능하지만, 정전이 장기화되면 이용 불가 지역이 확대된다.

오래 보존할 수 없는 냉장고 속의 신선 제품은 빠르게 소비하자. 냉동고는 여닫지 않는다면 하루 정도는 버틸 수 있지만, 그 후에는 순차적으로 소비하는 것이 좋다. 일단 해동된 식품을 계속 냉동고에 넣어 두면 전원이 복구되었을 때 세균이 증식한 상태로 다시 냉동되어 식중독을 일으킬 수 있으므로 녹은 식품은 꺼내서 소비하거나 폐기한다.

가정에서 전원이 필요한 의료 기기를 이용하고 있을 경우 전력 회사에 등록해 놓으면 긴급 상황에서 안부 확인이나 배터리 또는 발전기 지원의 서비스를 받을 수 있다. 해당 기기를 이용하고 있는 사람에게는 의료 기관에서도 안내를 할 터이므로 평상시에 미리 등록해 놓자.

관공서나 대피소에서는 재해가 발생했을 때 공중전화 같은 통신 수단과 전원을 제공한다. 한편 거리에 설치되어 있는 방재 행정 무선장치(옥외 방재 방송 설비)는 정전이 되면 배터리로 작동하기 때문에 정전이 장기화될 경우 이용이 불가능해질 수 있다. 그럴 때는 게시판이나 순회 홍보 차량의 방송을 통해 정보를 입수한다.

가정에서 해야 할 정전 대비 방법

정전이 장기화될 조짐이 보인다면 스마트폰 등 통신 기기의 전지 수명을 온존하기 위해 하루에 몇 차례만 전원을 켜고 짧은 시간에 연락을 마친 다음 다시 끄도록 한다. 대용량의 휴대용 보조 배터리는 매우 큰 도움이 되므로 충전해서 보관해 놓으면 좋다. 회중전등 이외에 휴대용 보조 배터리에 연결해서 사용할 수 있는 LED 조명도 편리하다.

정보를 입수하기 위해서는 건전지로 작동하는 트랜지스터라디오를 함께 사용하자. 가스레인지가 없는 가정에서는 부탄가스를 사용하는 조리 기구나 난방 기구를 준비해 놓으면 좋다. 연료의 관리가 가능하다면 등유 난로도 유용하다.

공중전화는 정전이 되었을 때도 이용이 가능하다. 다만 전화카드는 사용할 수 없으므로 동전을 많이 준비해 놓자. 또한 아이들도 사용할 수 있도록 평상시에 사용법을 연습시킨다.

가정용 발전기나 전기 자동차의 전원 사용법 미리 알아두기

가정용 발전기는 일산화탄소 중독이 발생하기 쉬우며 유지 관리에도 지식이 필요하다. 또한 도시 지역에서는 연료의 확보와 보관도 쉽지 않기에 주의가 필요하다.

최근에는 주택용 태양광 발전 설비나 소규모 가스 발전기도 보급되고 있으며, 동일본 대지진 이후에는 정전이 되었을 때 15암페어 정도의 전원을 공급할 수 있는 자립 운전 기능을 갖춘 것도 보급되어 있다. 이 기능이 있으면 냉장고와 통신 등 최소한의 전기 인프라를 확보할 수 있다.

하이브리드 자동차나 전기 자동차의 전원도 편리하게 이용할 수 있다. 일반 자동차도 DC-AC 인버터를 사용하면 일정량의 전력을 공급받을 수 있다. 감전이나 배터리 방전 등의 트러블을 방지하기 위해 평소에 사용법을 연습해 두자.

또한 정전이 장기화되면 자동차의 연료를 구하기도 어려워지므로 이동 수단의 확보를 고려해 균형 있게 이용하기를 권장한다.

재해 생존전략 중
가장 중요한 것은
안전한 물 확보

나흘만 물을 못 마셔도 생명이 위험하다

자연재해가 발생했을 때 제일 먼저 해야 할 일은 안전한 물을 확보하는 것이다. 먹을 것이 없어도 물만 마실 수 있으면 2~3주는 살 수 있다는 데이터가 있다. 그러나 수분을 섭취하지 못하면 얼마 못 가 생명이 위험한 수준에 이른다.

건강한 성인의 몸은 약 60퍼센트가 물로 구성되어 있으며, 그 물의 20퍼센트를 잃으면 죽음에 이른다고 한다. 몸무게가 60킬로그램인 사람의 경우 몸속에 있는 물의 양은 약 36킬로그램이며, 그것의 20퍼센트는 7.2킬로그램이다. 만약 이 정도의 물이 몸속에서 빠져나간다면 우리는 살아남지 못하게 된다.

사람은 소변이나 땀 등으로 하루에 약 2킬로그램 정도의 물을 몸 밖으로 배출하는데, 7.2킬로그램이면 약 3.6일분이다. 물론 실제로 수분을 전혀 섭취하지 못하게 된다면 몸에서 빠져나가는 물의 양도 감소할 터이므로 조금 더 오래 살 수 있겠지만, 계산상으로는 나흘만 물을 못 마셔도 생명이 위험에 노출된다. 이탈리아의 정치범이 아무것도 입에 대지 않은 상태에서 18일 동안 살았다는 기록이 남아 있기는 하지만, 보통은 일주일만 수분을 섭취하지 않으면 죽음에 이른다.

안전한 물을 이용할 수 없을 때는 이렇게

위험성이 있는 물이란 독물이나 병원균(세균 또는 바이러스)이 들어 있는 물을 가리킨다. 자연계에 존재하는 강이나 호수의 물에는 독물보다 병원균이 들어 있을 우려가 있다. 그러나 빗물 자체는 그런 걱정은 없다.

탁한 물이라면 간이 여과를 해서 사용할 수 있다. 페트병(500밀리미터 이상이 좋다)의 바닥을 잘라내고 입구 쪽이 아래로 향하도록 한 다음 병 안에 아래에서부터 차례대로 작은 돌, 모래, 잘게 부순 숯, 모래, 노송나무 껍질이나 잎을 넣는다. 각각의 경계에 깨끗한 천을 깔면 더욱 좋다. 다만 물에 녹아 있는 물질은 이 여과장치로 제거할 수 없다. 병원균은 일부 감소할 가능성이 있지만 기본적으로는 제거

◆ 간이 여과 장치의 예

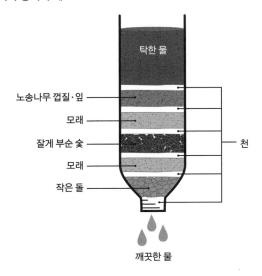

탁한 물

노송나무 껍질·잎 ——
모래 ——
잘게 부순 숯 ——
모래 ——
작은 돌 ——

—— 천

깨끗한 물

되지 않는다. 물에 병원균이 들어 있을지 모른다면 끓이는 것이 가장 좋은 방법이다.

또한 수돗물을 사용해 비상용 음료수를 만들어 놓는 것도 방법이다. 이를 위해서는 표백분(또는 차아염소산나트륨=주방용 혹은 세탁용 염소계 표백제 등)이 필요하다. 처음에 용기를 살균하는 데 사용하고 씻어내므로 염소계 표백제도 괜찮다.

그다음에 준비할 것은 새 플라스틱 물통(10리터 혹은 20리터짜리 페트병)과 큼지막한 검은색 비닐봉지다.

수도 전문가가 제안하는 방법을 소개한다.

① 플라스틱 물통에 수돗물 2~3리터를 넣은 다음 뚜껑을 닫고 좌우 상하로 격렬히 흔들어서 헹군 뒤 물을 버린다.

② 표백분을 물 10리터라면 반 큰술, 20리터라면 한 큰술 집어넣는다. 이때 물통 속에 공기가 남아 있지 않도록 주의한다. 뚜껑을 꽉 닫고 잘 흔들어서 표백분을 잘 섞은 다음 일주일 정도 어두운 곳에 보관한다.

③ 일주일이 지나면 물을 버린다. 다시 ①의 요령으로 내부를 잘 헹구고 수돗물을 입구까지 찰랑찰랑하게 부은 다음 뚜껑을 꽉 닫는다. 이때도 물통 속에 공기가 남지 않도록 넘칠 때까지 붓는 것이 포인트다. 이것으로 용기가 완전히 살균된 상태가 된다.

④ 검은색 비닐봉지로 감싸서 빛을 차단하고 직사광선이 닿지 않으며 온도 변화가 적은 장소에 보관한다. 빛이 닿으면 물속의 조류 등이 광합성을 해서 번식하고 그것을 먹는 세균도 증식하므로 절대 빛이 닿지 않게 한다.

⑤ 여름에는 1개월, 겨울에는 3개월마다 수돗물을 새로 담는다. 담을 때는 ①의 요령으로 내부를 잘 헹구고 수돗물을 병 입구까지 찰랑찰랑하게 붓는 것이 포인트다. 오래된 물은 세안이나 목욕 물로 사용한다.

과거의 교훈을 바탕으로 더욱 강화된 지진 관측

본격적인 진동 전에 지진을 포착한다

지진은 돌발적인 격렬한 흔들림으로 건물이나 인프라에 막대한 피해를 입힐 뿐만 아니라 쓰나미나 화재 같은 또 다른 재해를 유발할 위험이 있는 매우 심각한 재해다. 지진이 언제 발생할지 미리 아는 것은 현시점에서 불가능하지만, 그래도 현재는 텔레비전의 화면이나 스마트폰의 지진 알림 앱을 통해 바로 직전에 발생한 지진의 정보를 입수하는 것이 당연한 시대가 되었다.

그뿐만이 아니다. 진원 근처의 지진계가 포착한 빠른 속도의 작은 지진파를 통해 앞으로 찾아올 거대한 흔들림을 예측해, 최대 진도가 5약 이상일 경우 진도 4 이상이 예측되는 지역에 긴급 지진 속보를 발표한다. 그 덕분에 본격적인 흔들림이 시작되기 수 초에서 수십 초 전에 커다란 흔들림이 찾아올 가능성이 있음을 알 수 있게 되었는데, 이것을 가능케 한 기술 중 하나는 지진을 포착하는 관측 체계다.

한신·아와지 대지진의 교훈으로 육지의 관측망 정비

1995년에 발생한 한신·아와지 대지진은 일본 땅에 대지진으로부터 안전한 곳은 없음을 깨닫게 했으며 재해를 막기 위한 지진 조사 연구의 중요성도 일깨웠다.

다양한 특징을 가진 지진을 관측하기 위해 세 종류의 각기 다른 흔들림을 계측하는 데 특화된 관측망이 정비되었다.

- **고감도 지진 관측망(Hi-net)** : 작은 흔들림을 측정할 수 있는 무인 관측망. 일본 전국에 약 20킬로미터 간격으로 약 800지점이 있다.
- **강진 관측망(K-NET·KiK-net)** : 지진 피해를 일으키는 지표의 강한 흔들림을 관측하는 데 특화된 지진 관측망. K-NET은 약 1,050지점이 있다. KiK-net은 Hi-net과 동시에 정비된 강진 관측망으로서 전국에 약 700지점이 있다.
- **광대역 지진 관측망(F-net)** : 지진으로 발생하는 거의 모든 지진동을 기록할 수 있는 관측망. 수평 거리로 약 100킬로미터마다 설치되어 있으며, 약 70지점이 존재한다.

동일본 대지진의 교훈으로 바다의 관측망 정비

해역에서 발생하는 지진에 대응하는 관측망을 정비하게 된 계기는 2011년에 일본을 덮친 동일본 대지진이다. 해역에서 발생한 지진이나 쓰나미를 빠르게 감지해 정밀도 높은 쓰나미 경보를 발령하기 위한 관측 체제의 정비가 진행되고 있다. 현재 운영 중인 바다의 기반 관측망은 해역별로 두 가지다.

- **일본 해구 해저 지진 쓰나미 관측망(S-net)** : 홋카이도 해역부터 보소 반도 해역까지의 구간에 지시마 해구에서 일본 해구를 따라서 해저 케이블로 접속된 지진계와 수압계의 관측망이 정비되어 있다. 관측 지점의 수는 150개다.
- **지진·쓰나미 관측 감시 시스템(DONET)** : 가까운 미래에 지진이 발생할 가능성이 있는 난카이 트로프를 따라서 정비된 51지점의 관측망. 온갖 종류의 지진 정보를 얻기 위해 강진계와 광대역 지진계, 수압계, 하이드로폰(수중 음향 센서), 미차압계, 온도계로 구성되어 있다. 현재는 일본 남동쪽 구마노나다 해역과 기이수도 해역에 정비되어 있는데, 서쪽의 고치현 해역부터 휴가나다 해역은 미정비 상태여서 관측망의 정비가 시급한 상황이다.

◆ 지진 관측망의 관측점 배치도

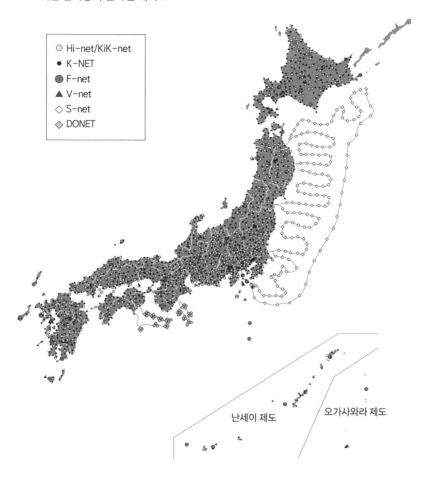

Hi-net/KiK-net
K-NET
F-net
V-net
S-net
DONET

난세이 제도

오가사와라 제도

그림의 V-net은 방재과학기술연구소가 전국의 16개 활화산에 정비한 관측망이다.

※ 일본 국립연구개발법인 방재과학기술연구소의 지진·쓰나미·화산 네트워크 센터 홈페이지에서

접근이 어려운
화산 분화는
어떻게 관측할까?

인류가 멸종했을 수도 있었던 화산 재해

지구의 역사를 되돌아보면 급격한 한랭화라는 기후 변동이 일어나 인구수가 1만 명 정도까지 감소하고 친척 관계에 있는 사람속(인류)의 대부분을 멸절시킬 수도 있었던 재해가 존재한다. 바로 화산 분화다. 화산 활동은 수백 년에서 수천 년의 긴 휴지기를 거친 뒤에 재개되는 경우도 있기 때문에 분화를 예측해 재해를 방지하는 것은 말처럼 쉬운 일이 아니다.

일본에서는 화산분화예지연락회가 '대략 과거 1만 년 이내에 분화한 화산 및 현재 활발한 분화 활동을 하는 화산'을 활화산으로 정의하고 있다.

현재 이 정의를 기준으로 선정된 일본의 활화산은 111개다.

또한 이 가운데 향후 약 100년 안에 분화할 가능성이 있는 화산이나 분화할 경우 사회에 끼치는 영향이 크다고 여겨지는 50개 화산이 '화산 방재를 위해 감시·관측 체제를 충실히 할 필요가 있는 화산'으로 선정되었다.

화산 감시·경보 센터의 화산 기동 관측반은 50개 화산을 포함한 활화산의 현지 관측을 계획적으로 실행하고 있다. 화산 활동에 변화가 발생했을 때는 관측을 강화하는 등 상황에 맞춰 대응하며, 분화 등으로 주위에 위험을 끼칠 가능성이 있을 때는 위험한 범위를 명시한 경보를 발령한다.

화산 관측 활동으로 무엇을 알 수 있을까?

관측을 통해서 얻은 데이터는 실시간으로 화산 감시·경보 센터에 전송되어 24시간 체제의 화산 활동 감시·평가에 활용된다.

- **지진계를 이용한 진동 관측** : 지진계를 이용해 화산성 지진이나 화산성 미동을 측정한다. 화산성 지진에는 분화가 원인인 것과 화산 내부의 마그마나 가스, 지열에 고온이 된 물(열수)의 움직임이 원인인 것이 있다. 또한 화산 활동의 추이에 따라 발생하는 장소나 파형이 변화한다. 화산성 미동은 화산성 지진과 비교했을 때 진동 파형의 시

작과 끝이 분명하지 않다.

● **공진계를 이용한 공진 관측** : 분화 등으로 발생하는 공기의 진동이나 대기 속에 전파되는 저주파여서 인간에게는 잘 들리지 않는 충격파를 공진계로 관측한다. 이를 통해 시야가 혼탁해서 감시 카메라를 이용한 관측이 어려울 경우에도 분화 시간과 규모를 추정할 수 있다.

● **감시 카메라 등을 이용한 원거리 관측** : 야간의 어둠 속에서도 화산 활동을 관측할 수 있는 고감도 감시 카메라로 연기의 높이나 색, 분출물을 실시간 감시한다.

● **경사계나 GNSS 관측 장치를 이용한 지각 변동 관측** : 지하에 있는 마그마의 활동이 활발해지면 지각에 힘이 가해져서 산체의 형상에 변화가 나타난다. 경사계는 산체의 경사를 정밀하게 측정하며, GNSS 관측 장치는 주변을 포함한 지각의 변형을 검출한다.

● **적외선 영상 장치 등을 이용한 열 관측** : 하구 부근 지표의 온도 분포를 적외선 영상으로 관측하거나 온도계를 사용해 분출 가스 또는 땅속의 온도를 측정함으로써 화산의 열 활동을 파악한다.

그 밖에도 항공기를 동원해 지상에서는 접근할 수 없는 화구의 내부 또는 상공에 있는 분출물의 분포를 상공에서 관측하거나 원격 측정이 가능한 이산화황이라는 화산 가스의 방출량을 관측하는 활동을 실시하고 있다.

기상 관측이
일기예보에만 필요하다는
생각은 버려!

대기의 상태를 정확히 알기 위한 관측 방법들

기상 관측 데이터는 매일의 일기예보나 기상 재해의 방지, 농업 및
어업 등 산업에서의 이용, 기후 변동이나 기상 현상을 해명하기 위
한 조사와 연구 등 기상과 관련된 모든 사항에 반드시 필요한데, 그
런 중요한 데이터는 어떻게 얻는 것일까?

기상 현상의 규모는 수백 미터부터 수천 킬로미터까지 실로 다양
하다. 또한 대기는 평면적인 것이 아니라 높이가 있기 때문에 온도
나 습도 등의 수직 분포가 대기의 운동에 큰 영향을 끼친다. 그래서
지상에서 먼 상공의 대기 상태를 정확히 알기 위해 다양한 방법과
장치를 조합해 기상 관측을 실시하고 있다. 그중 대표적인 것들을

소개한다.

① 지상 기상 관측

기상 관측의 대표라고 할 수 있는 관측이다. 사람의 손으로 데이터를 얻는 지상 기상 관측은 역사가 매우 깊으며, 관측 지점의 수도 많다.

- **자동 관측과 목시 관측**: 일본 전국의 약 60곳에 이르는 기상대와 관측소에서 실시되는 기상 관측. 기압, 기온, 습도, 풍향·풍속, 강수량, 적설량, 일조시간·일조량을 관측 장치로 관측하는 자동 관측과 구름, 가시거리, 대기 현상(무지개·번개·황사 등)을 눈으로 관측하는 목시 관측이 있다.
- **지역 기상 관측 시스템(AMeDAS)**: 기상 현상을 지역 단위로 자세히 관측하기 위해 현재 일본 전국에 17킬로미터 간격으로 약 1,300곳이 설치되어 있는 자동 기상 관측 시스템이다. 관측 항목은 강수량(전 지점), 적설량, 풍향·풍속, 기온, 일조 시간(약 480지점·약 21킬로미터 간격)이다. 눈이 쌓이는 지역(약 330지점)에서는 눈이 쌓이는 깊이도 관측한다.
- **기상 레이더 관측**: 주위 수백 킬로미터라는 넓은 범위에 걸쳐 비 또는 눈을 관측한다. 회전하는 안테나에서 파장 5~10센티미터의 마이크로파를 발사하고 그 반사파의 강도를 통해 비나 눈의 세기를 관측

하고 주파수의 어긋남을 통해 비나 눈이 내리고 있는 영역의 바람을 관측할 수 있다.

② 고층 기상 관측

지상 관측에서 관측 대상으로 삼는 대기보다 더 위에 있는 대기를 관측한다. 고층 기상 관측의 주된 목적은 고층의 대기 상태를 해석하는 고층 일기도를 작성하는 것이다. 주된 관측 장치로 라디오존데, 윈드프로파일러(수직 방향으로 부는 연직바람 관측 장비)가 있다.

- **라디오존데 관측**: 라디오존데는 기온, 습도, 풍향·풍속을 관측하는 장치와 측정값을 송신하는 무선 장치를 갖추고 있다. 고무 재질의 자유비행기구를 사용해 분당 300~400미터의 속도로 고도 약 30킬로미터까지 상승시키면서 그 구간의 대기 상태를 관측한다. 관측은 전 세계에서 매일 정해진 시간에 실시되는데, 일본 시간으로는 오전 9시와 오후 9시다. 일본에는 낙도와 남극 기지를 포함해 17개의 라디오존데 관측 지점이 있다.
- **윈드프로파일러 관측**: 윈드프로파일러는 지상에서 상공으로 파장 10~0.25미터라는 단파 및 초단파의 전파를 대기 자체를 표적으로 발사해 그 운동인 풍향과 풍속을 관측하는 것이다. 관측 고도는 최대 약 12킬로미터 상공이며, 관측 지점은 일본 전국에 33곳이 있다.

③ 기상 위성 관측

기상 관측을 목적으로 하는 인공위성을 이용한 관측이다. 적외복사의 강도를 관측하는 등 넓은 범위에 걸쳐 구름의 분포와 온도, 습도를 관측한다. 또한 선박이나 낙도의 조위潮位 데이터와 기상 관측 데이터를 연결하고 수집하는 역할도 한다.

일본의 히마와리 8호는 고도 3만 5,800킬로미터의 적도 상공을 지구의 자전과 같은 주기로 도는 정지 기상 위성이다. 세계의 기상 위성 관측망에서 아시아·오세아니아와 서태평양 지역의 관측을 담당하고 있다.

2011년까지는 히마와리 8호가 관측을 실시했는데, 그때 2기 체제인 히마와리 9호가 거의 같은 궤도에서 대기하고 있었다. 2022년부터는 히마와리 8호가 대기하고 히마와리 9호가 관측을 실시하고 있다.

5장

우주와 지구에서 벌어지는 등골 오싹한 이야기

현재 지구자기장의
상태가 심상찮다!?

나침반 자침은 정확히 북쪽을 가리키고 있지 않다

나침반 자침의 N극은 북쪽을 가리키지만, 정확히는 북극에서 약간 어긋나 있다. 지리상의 북극과 나침반 자침의 어긋남을 편각이라고 한다. 편각은 북쪽으로 갈수록 커져서, 오키나와 부근에서는 5도이지만 홋카이도의 소야곶 부근에서는 10도가 된다.

또한 나침반 자침의 바늘은 수평을 유지하지만, 사실 일본에서 사용하는 나침반 자침은 S극 쪽을 조금 더 무겁게 조정해서 수평이 되도록 만든 것이다. 만약 무게가 일정한 방위 자침을 사용한다면 N극은 상당히 아래를 향하게 되는데, 그 아래를 향하는 각도, 즉 수평선과 이루는 하향각을 복각이라고 한다. 복각도 북위도로 갈수록 커져

◆ 자북극의 이동

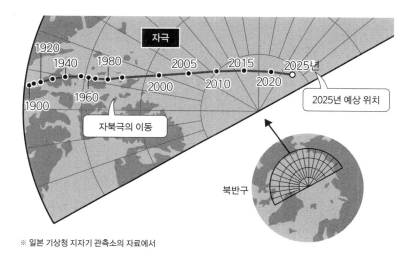

※ 일본 기상청 지자기 관측소의 자료에서

서, 도쿄 부근에서는 50도이지만 소야곶 부근에서는 60도나 아래를 향하게 된다.

　서기 1600년, 영국의 윌리엄 길버트는 편각과 복각을 근거로 지구가 거대한 자석임을 주장했다. 북극의 근처에는 자북극이 있고 남극의 근처에는 자남극이 있다. 자북에서는 편각이 90도가 되어서 나침반 자침의 N극이 수직으로 아래를 향한다.

자극은 끊임없이 이동한다

의외의 사실이지만, 자극은 끊임없이 이동하고 있다. 20세기 전반까지는 1년에 10킬로미터 정도를 움직였는데, 1990년대가 되자 1년에 약 55킬로미터를 움직이게 되었다. 방위 자침은 선박이나 항공기의 내비게이션 시스템으로서 정지 위성을 이용한 GPS와 함께 사용되고 있다.

자극이 이동하면 각지의 편각도 변화한다. 그에 따라 '세계 자기 모델'이 5년 단위로 작성되어 왔다. 그런데 2018년 초에 자북극의 현재 위치와 지구 자기장의 변동이 지나치게 커져서 자기 기반의 내비게이션 시스템에 문제가 발생할 위험성이 발견되었다. 때문에 2020년이었던 갱신 예정 시기를 1년 앞당겨서 2019년에 세계 자기 모델을 갱신하게 되었다.

지자기의 발생 메커니즘

지구의 자기장을 지자기라고 한다. 지자기의 발생 메커니즘은 정확히 밝혀지지는 않았지만, 지자기의 대부분은 지구의 외핵에서 발생한다. 지구의 핵은 전기가 잘 흐르는 철이나 니켈로 구성되어 있는데, 내핵은 고체이지만 외핵은 유체다. 그리고 외핵이 온도 차이에 따른 대류나 지구의 자전 등으로 자기장 속을 움직이면 유도 전류가 발생하며, 이 전류로 인해서 지자기가 만들어진다.

◆ 지각

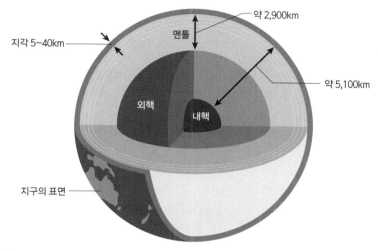

지각 5~40km

맨틀

약 2,900km

외핵

내핵

약 5,100km

지구의 표면

※ 일본 기상청 지자기 관측소의 자료에서

지자기의 감소와 지구 자기장의 역전

바다에 다양한 해류가 있듯이, 외핵의 흐름도 복잡할 것으로 예상
된다. 천천히 변화하는 소용돌이가 존재한다는 견해도 있다. 흐름이
다르면 다른 자기장이 발생한다. 지자기는 다양한 자기장이 겹친 결
과로 나타난다. 따라서 자극의 위치가 변할 뿐만 아니라 지자기의
세기도 변화한다.

다음의 그림은 지심 쌍극자(지구 자기장을 막대자석으로 간주했을 때
의 자력)의 그래프다. 최근 200년 동안 계속 감소하고 있음을 알 수

◆ 지자기 감소 그래프

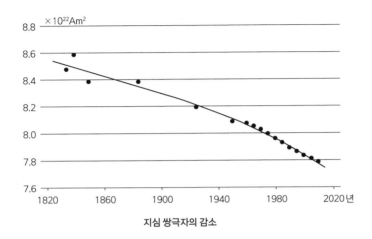

지심 쌍극자의 감소

※ 일본 기상청 지자기 관측소의 자료에서

있다. 이 추세대로 계속 감소하면 약 1,200년 후에는 거의 제로가 되어 버린다. 그러나 과거의 지자기 기록을 살펴보면 이 정도의 증감은 수없이 반복되어 왔기에 이대로 지자기가 사라질 일은 없을 것으로 생각된다.

2020년 1월 17일, 국제 지질과학연합은 지구의 역사에서 약 77만 4,000~12만 9,000년 전의 지질 시대를 '치바니언(Chibanian, 지바시대)'으로 명명했다. 기준이 된 지층은 77만 4,000년 전에 해저에서 퇴적된 것으로, 이 지층의 전후에는 이 시기에 지구의 지자기(N극·S극)가 역전된 흔적이 남아 있다.

지자기의 역전은 과거 수억 년 사이에 수없이 일어났으며, 역전이 일어날 때는 전체의 지자기가 서서히 약해져서 거의 제로가 된 뒤에 뒤바뀌었다.

만약 지자기가 사라진다면?

태양에서는 '태양풍'이라는 전기를 띤 고온의 입자가 날아온다. 태양풍은 생명에 해로워서 많이 쐬면 암이나 유전자 이상, 심하면 이를 수도 있을 만큼 위험하다.

그러나 지구 부근에는 지자기가 있는 까닭에 태양풍은 다음의 그림처럼 지구를 감싸듯이 주위를 따라서 흘러가며, 그 결과 태양풍

◆ 태양풍과 자기권

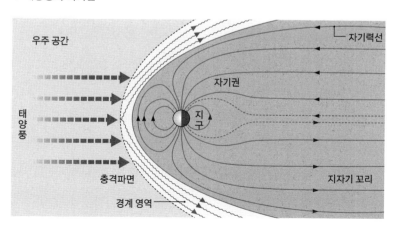

속에 자기권이라는 태양풍이 없는 길쭉한 공간이 생긴다. 요컨대 지자기는 태양풍이 지구에 직접 침입하지 못하도록 막는 방어막의 역할을 하고 있다.

만약 지자기가 사라진다면 태양풍이 직접 지구에 쏟아져 내려오게 된다. 그렇다면 생물은 절멸의 위기에 노출되는 것일까? 그런데 지금까지 지구에는 지자기가 없는 시기가 수없이 존재했지만 그때마다 생물이 대량 절멸한 흔적은 발견되지 않았다고 한다. 이것은 지구의 대기가 2차 방어막의 역할을 해주는 덕분으로 추정되고 있다.

화산 대분화가
불러오는 한랭화와
핵겨울 시나리오

화산 대폭발의 우산 효과로 지구 한랭화가?

우리가 생활하고 있는 환경의 대기 속에는 수많은 아주 작은 입자가 떠 있다. 이런 입자들을 에어로졸이라고 한다. 에어로졸이란 간단히 말하면 대기 속을 떠도는 '티끌이나 먼지'인데, 화산에서 나오는 연기, 공장의 굴뚝이나 자동차에서 나오는 매연, 담배나 모닥불의 연기, 나아가 공기 속을 떠도는 구름이나 안개도 전부 에어로졸이다. 에어로졸의 다른 명칭은 '연무질'이다.

기후와 기상 분야에는 우산 효과라는 것이 있다. 우산 효과는 에어로졸이 성층권까지 도달해 태양 광선을 차단함으로써 지표면의 온도 상승을 방해하는 현상이다. 분출된 연기가 성층권까지 도달하는 대규모 화산 폭발의 경우 연기가 2~3년 동안 성층권을 떠돌며 태양 광선을 반사하고 그 결과 생기는 우산 효과로 지구의 태양광 에너지 흡수를 억제하기 때문에 기후에 한랭화를 불러온다.

연기 속의 화산재는 1개월 이내에 낙하하지만, 연기 속에 들어 있던 기체인 이산화황이 변질되어서 생긴 아주 작은 황산 방울이 오랜 기간 성층권을 떠돌며 기후에 영향을 끼친다.

화산성 에어로졸이 전 세계에 우산 효과를 일으킨 사례는 다음과 같다.

- 1783년 아이슬란드 라키 화산 분화 : 화산성 에어로졸이 고도 15킬로미터까지 도달해 북반구 전체의 기온을 떨어트렸다. 이 대량의 에이로졸 방출은 2년 후에 발생한 아사마산의 분화와 함께 일본 덴메이 대기근의 원인이 되었을 가능성이 있다.
- 1815년 인도네시아 탐보라 화산 분화 : 과거 2세기 동안 전 세계에서 기록된 화산 분화 중 최대 규모였다. 지구 전체의 기온이 몇 도나 낮아졌으며, 전 세계에서 기근과 역병이 만연했다.
- 1883년 인도네시아 크라카타우 화산 분화 : 화산성 에어로졸이 성층권까지 퍼져 북반구 전체의 평균 기온을 0.5~0.8도 낮췄고 더 많은 산란이 일어나 유럽의 노을이 더 선명한 붉은색으로 보였다.
- 1991년 필리핀 피나투보 화산 분화 : 20세기 최대 규모의 대분화. 화산성 에어로졸이 성층권까지 퍼져 지구의 평균 기온을 약 0.5도 낮췄다.

핵전쟁이 불러올 '핵겨울' 시나리오

과학자들의 연구에 따르면, 대규모 핵전쟁이 벌어질 경우 히로시마·나가사키 때는 경험하지 못한 일이 일어난다고 한다. 바로 '핵겨울Nuclear winter'이라는 사태다. 1983년에 칼 세이건 등의 과학자가 제창한 뒤로 연구가 활발해졌다.

1985년에는 국제 학술연합회의에서 〈핵전쟁이 환경에 끼치는 영향〉이라는 제목의 연구 보고서를 발표했다. 핵전쟁이 대기에 어떤 영향을 끼치는지를 과거의 화산 대폭발이나 핵실험 데이터, 다양한 가설에 입각해 컴퓨터로 예측한 것이다. 그러자 도시에 대한 대규모 공격을 포함한 핵전쟁이 벌어질 경우 각지에서 대규모 화재가 발생해 엄청난 양의 검댕이 생겨나고 그 검댕이 하늘을 덮어 지표까지 햇빛이 닿지 않게 됨에 따라 기온이 급격히 하락할 가능성이 있다는 결과가 나왔다.

당시는 세계에 핵무기가 최대 2만 메가톤 정도 존재한다고 여겨졌다. 여기에서 말하는 2만 메가톤은 TNT, 즉 트리니트로톨루엔으로 환산한 값이다. 핵무기의 폭발 위력은 핵무기가 폭발할 때 방출하는 에너지의 양으로 나타내는데, 보통은 이와 동등한 에너지를 얻는 데 필요한 트리니트로톨루엔이라는 화약의 질량으로 표현된다. 가령 히로시마에 투하된 '리틀보이'는 15킬로톤, 나가사키에 투하된 '팻맨'은 21킬로톤으로 알려져 있다. 참고로 1메가톤은 1,000킬로톤이다.

여기에서 5,000메가톤의 핵무기 가운데 20퍼센트가 도시 또는 산업 지대를 목표로 발사되고 그중 57퍼센트가 지표면 근처에서 폭발한다고 가정하면 약 3주 후에는 기온이 영하 20도 이하로 떨어지며, 영하의 기온이 3개월 이상 계속될 것이라고 한다. 또한 100메가톤의 핵무기를 도시나 산업 지대를 목표로 사용했을 때도 같은 일이 일어날 것으로 예측된다. 그리고 핵겨울로 인한 한랭화와 식량 부족으로 목숨을 잃는 사람은 전 세계에서 10억~40억 명에 이를 것으로 추정되었다.

다행히 제2차 세계대전 이후 지금까지 핵무기 발사 단추는 눌린 적이 없다. 그러나 히로시마와 나가사키에서 핵무기가 사용된 이래 한국전쟁과 베트남 전쟁, 쿠바 위기 등 핵무기가 사용될 뻔했던 위기는 여러 차례 있었으며, 핵무기 보유 국가와 핵무기의 위력도 비약적으로 증가해 왔다.

이상 기후의 원인이
지구 온난화 때문일까?

지구 온난화와 이상 기후가 몰고올 공포

국내의 호우 재해나 해외의 기록적인 폭염과 가뭄 등 이상 기후에
관한 뉴스를 보고 있으면 '이런 이상 기후는 지구 온난화의 영향일
까?'라는 의문이 자연스럽게 솟아날 것이다.

앞에서도 말했듯이 일본 기상청의 정의에 따르면, '30년에 1회 이
하로 발생하는 드문 기상 현상'을 이상 기후라고 한다. 지구 온난화에
관한 세계의 연구 성과를 모으고 견해를 정리하는 기구인 유엔의 '기
후변화에 관한 정부간 협의체(Intergovernmental Panel on Climate
Change, IPCC)'에서는 '극단적인 기상(기후) 현상Extreme Weather(Climate)
Events'이라는 용어를 사용하며, 확률 분포적으로 10퍼센트 이하 혹은

90퍼센트 이상의 영역에 들어가는 보기 드문 기상 현상으로 정의하고 있다. 여기에서는 일본 기상청의 정의에 따른 이상 기후와 IPCC의 정의에 따른 극단적인 기상(기후) 현상을 합쳐서 이상 기후로 설명하려 한다.

과연 이상 기후의 직접적인 원인은 지구 온난화 때문일까? 이상 기후의 사례를 하나하나 분석해 보면, 대부분의 경우는 지구의 대기와 해양의 변동인 자연 변동이 커졌을 때 일어나는 것으로 알려져 있다.

지구 온난화는 이상 기후의 발생 빈도를 높인다

그렇다면 지구 온난화가 이상 기후에 끼치는 영향은 알 수 없는 것일까? 그렇지는 않다. 지구 온난화는 이상 기후의 빈도와 강도에 영향을 끼칠 가능성이 높은 것으로 추정되고 있다. 가령 지구 온난화의 영향으로 기온 상승이 계속된다면 자연 변동에 그만큼의 영향이 추가되는 식이다.

IPCC가 가장 최근에 발표한 보고서인 제5차 평가 보고서에 따르면, 최근 관측된 이상 기후와 인간 활동으로 인한 지구 온난화의 영향 사이에 높은 관련이 있다고 여겨지는 현상은 다음과 같다.

● 거의 모든 육지에서 추운 날과 추운 밤이 감소하고 더운 날과 더운 밤이 증가: 현시점에도 변화가 일어나고 있을 가능성이 매우 높으며, 21세기

말에는 거의 확실히 인간 활동의 영향으로 변화가 일어날 것으로
예측되고 있다.

- 거의 모든 육지에서 고온이 계속되거나 열파(남쪽 바다에서 매우 더운 기단이
  밀려오는 현상)의 빈도와 지속 기간이 증가 : 현시점에서 변화에 대한 확
  신도는 중간 정도이며(유럽·아시아·오스트레일리아의 대부분은 가능
  성이 높다), 21세기 말에는 인간 활동의 영향으로 변화가 일어날 가
  능성이 매우 높은 것으로 예측되고 있다.
- 호우의 빈도, 강도, 강수량이 증가 : 현시점에서는 감소하고 있는 곳보
  다 증가하고 있는 곳이 많을 가능성이 있으며, 21세기 말에는 중위
  도의 대륙 대부분과 습윤한 열대 지역에서 증가할 가능성이 매우
  높은 것으로 예측되고 있다.

지구 온난화의 영향을 평가하기 위한 새로운 시도

'전문가들은 이상 기후와 지구 온난화에 관해 모호하게 말하는 것
같다'고 생각하는 사람도 많은 듯하다. 그러나 최근에는 각각의 이
상 기후에 관해 지구 온난화가 그 발생 확률과 강도에 얼마나 기여
했는가를 최첨단의 기후 모델과 슈퍼컴퓨터를 이용해서 정량적으로
평가하려는 시도가 진행되고 있다.

'이벤트 어트리뷰션Event Attribution'으로 불리는 이 기법을 간단히
설명하면, 어떤 이상 기후의 사례를 재현할 때 자연 변동의 영향만

을 고려했을 경우와 인간 활동의 영향도 고려했을 경우를 시뮬레이션하는 방법이라고 할 수 있다. 또한 각각의 시뮬레이션에서는 계산의 초깃값을 조금씩 바꾸면서 계속 계산함으로써 조금씩 다른 결과를 얻으며, 그 계산 결과를 어떤 분포를 가진 확률로 나타내고 두 분포를 비교해 이상 기후의 발생 확률이 지구 온난화의 영향으로 얼마나 달라졌는지를 살펴보는 것이다.

이와 같은 방법으로 지구 온난화가 이상 기후에 얼마나 기여했는지를 실제로 분석한 사례를 보면 다음과 같다.

- **2010년 남아마존 가뭄**: 자연 변동이 가장 중요하지만, 인간의 활동으로 만들어진 온실 가스와 대기 오염 물질 등이 발생 확률을 높였을 가능성이 높다.
- **1950~2017년 알래스카의 연평균 기온 상승**: 온실 가스가 기온 상승에 75퍼센트 기여한 것으로 추정된다.

이처럼 지구 온난화의 영향이 가장 현저하게 나타나고 있다고 알려진 극 지역의 연구에서는 지구 온난화가 명백히 영향을 끼쳤다는 연구 결과도 나오고 있다.

오존 구멍 확대와
유해 자외선 문제는
해결되었나?

오존 구멍의 발견에 이어 온존 파괴 물질 판명까지

오존은 산소 원자 3개로 구성된 기체다. 참고로 우리가 호흡하고 있는 산소는 산소 원자 2개로 구성되어 있다. 대기 속에 있는 오존의 90퍼센트 이상은 성층권(약 10~50킬로미터 상공)에 존재하며, 오존이 많은 층을 일반적으로 오존층이라고 부른다.

오존은 태양에서 날아오는 유해한 자외선을 흡수하는데, 그런 오존층이 얇아져서 구멍이 뚫린 것 같은 상태가 된 것을 오존 구멍(오존홀)이라고 부른다.

제23차 일본 남극 지역 관측대가 1982년에 쇼와 기지에서 관측하고 1984년에 영국에서 개최된 국제회의에서 발표한 것이 남극 오

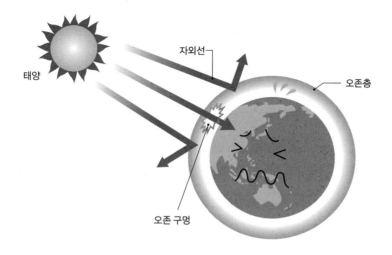

◆ 오존 구멍

태양

자외선

오존층

오존 구멍

존 구멍에 관한 세계 최초의 보고다. 이를 계기로 전 세계에서 오존 구멍의 관측과 연구가 진행되었으며, 그 과정에서 오존을 파괴하는 화학 물질이 판명되었다. 그 대표적인 물질이 바로 프레온(염화 플루오린화 탄소)이다. 당시 프레온은 냉장고와 에어컨 등의 냉매뿐 아니라 스프레이, 세정제, 발포제 등에 널리 이용되고 있었는데, 대기 속에 방출되면 강한 자외선에 의해 분해되면서 염소를 방출해 오존층을 파괴하는 것이다.

그 결과 지구에 도달하는 유해한 자외선의 양이 증가할 우려가 높아졌고, 이에 따라 세계 규모의 발빠른 대책이 요구되었다. 오존 구멍은 남반구의 겨울부터 봄에 해당하는 8~9월경에 발생해 급속히 발달했다가 11~12월경에 소멸되기를 반복하고 있다.

오존층 파괴로 자외선이 증가하면?

오존층이 1퍼센트 파괴되면 유해 자외선은 2퍼센트 증가한다고 알려져 있다. 태양에서 날아오는 유해 자외선은 인간을 포함한 생태계에 여러 가지 악영향을 끼친다. 또한 대기의 환경에 변화를 가져와 지구 규모로 기후에 영향을 끼친 결과 거대한 재해로 이어질 위험성도 있다.

지표면에 살고 있는 우리가 자외선을 쬐면 피부 세포의 DNA가 손상된다. 세포에는 손상된 DNA를 원래대로 되돌리는 기능이 있지만 자외선으로 인한 손상이 계속되면 복구 과정에서 오류가 발생해 돌연변이가 생겨나는 경우가 있는데, 이것이 피부암의 원인으로 추정되고 있다.

우리는 어렸을 때부터 일상적으로 대량의 자외선을 쬐고 있다. 피부암의 경우 아시아인을 비롯한 유색인종은 백색인종에 비해 자외선의 영향을 적게 받는다고 알려져 있다. 그러나 자외선에 저항력이 있다고 해서 무작정 피부를 태우는 것은 좋지 않다.

인간 이외의 생물도 당연히 자외선의 영향을 받는다. 특히 미생물은 유해 자외선의 영향을 받기 쉬워서, 플랑크톤이나 다양한 동식물의 성장이 저해되고 어업이나 농업에도 악영향을 끼칠 것이 우려된다.

영향을 받는 것은 생물만이 아니다. 지상 부근의 산소가 자외선에 반응해 대류권 오존이 증가하면 이것이 광화학 스모그의 원인이 될 수 있다. 또한 플라스틱 등은 자외선을 쬐면 열화되기 쉬워진다. 창가나 옥외에 놓아둔 물건의 색이 바래거나 깨지기 쉬워지는 것도 자외선이 주된 원인이다.

1987년 몬트리올 의정서 이후 오존 구멍의 축소 감지

오존 구멍의 크기는 1980년대부터 1990년대 중반에 걸쳐 급격히 확대되었다. 그러나 1990년대 후반 이후로는 해에 따라 단기적인 증감이 있기는 해도 장기적인 확대 경향은 보이지 않고 있다. 1987년에 합의된 몬트리올 의정서에 수많은 국가가 서명한 뒤로 세계 각국에서 프레온 가스의 사용이 금지되고 오존층을 파괴하지 않는 대체 물질의 사용이 일반화되었으며 유해한 화학 물질의 방출도 감소해 왔다.

몬트리올 의정서는 가장 성공한 환경 조약으로 평가받고 있으며, 오존 구멍은 착실히 축소되고 있다. NASA의 새로운 조사 결과에 따르면 21세기 말까지는 실질적으로 소멸할 것이라고 한다. 다만 이것은 거꾸로 말하면 감소했다고는 하지만 아직 한동안은 오존 구멍이 우리와 자연계에 영향을 끼칠 것이라는 의미이기도 하다.

해류의 변동이
이상 기후를 일으킨다?

기후 변화에 미치는 해류의 영향력

사방이 바다로 둘러싸인 섬나라 일본의 근해에는 수많은 해류가 흐르고 있다. 종종 해류를 바닷속을 흐르는 강 같은 흐름이라고 설명하는 경우가 있는데, 사실은 그것과 약간 다르다.

해류란 일반적으로 해양의 표층에 있는 물의 흐름을 가리키며, 그 근원은 무역풍이나 편서풍 같은 바람이 해면의 물을 잡아당기는 힘이다. 흐름을 장시간에 걸쳐 측정한 다음 평균을 내면 비로소 그 흐름의 방향과 크기가 보인다. 그래서 해류는 강의 흐름과 비슷하면서도 공기의 흐름인 바람과도 비슷한 변동성을 지닌다.

바닷물은 대기에 비해 비열比熱(물질 온도를 1도 높이는 데 드는 열에너지)이 크기 때문에 한 번 높아진 해류의 온도는 연안의 기후에 큰 영향을 끼친다. 해류의 변동이 이상 기후를 유발하는 경우도 있다. 따라서 기후 변화에도 간과할 수 없는 영향력을 지니고 있다.

쿠로시오 해류 ─ 일본 해류로도 불리는 세계적 해류

일본의 주변을 흐르는 대표적인 해류 중 제일 먼저 언급되는 것이 쿠로시오 해류다. 일본의 남안 해역을 흐르는 쿠로시오 해류는 적도 부근의 북동 무역풍에서 시작되어 북태평양으로 흘러간다. 북동 무역풍과 중위도에서 부는 편서풍이 만나 북태평양 남쪽에서 시계방향의 해수 운동을 일으키는데 이 운동이 지구 자전의 영향으로 서쪽으로 편중되면서 폭이 좁아짐에 따라 흐름이 빨라진다.

쿠로시오 해류는 이렇게 편서풍을 타고 빠른 속도로 흐르는 해류다. 속도는 빠른 곳이 초속 2미터이며 흐름의 폭은 100킬로미터로, 초당 5,000만 세제곱미터의 해수를 운반하고 있다.

- **쿠로시오라는 명칭의 유래** : 영양분이 많아 탁한 연안 근처의 바닷물에 비해 깊고 맑은 색을 띠고 있어 쿠로시오(검은 바닷물)라는 명칭이 붙었다고 한다. 쿠로시오의 기원 해역은 필리핀 동쪽인데, 이 해역은 바닷물에 영양분이 적은 까닭에 투명도가 높다.
- **쿠로시오 대사행大蛇行** : 쿠로시오에는 서로 다른 두 개의 안정된 물길

패턴이 있다. 일본의 남안 해역을 따라서 곧게 흐르는 물길과 엔슈나다 해역(일본 근처 북서태평양 해역)에서 남쪽으로 크게 사행蛇行하는, 즉 곡선을 그리며 흐르는 물길(대사행)이다. 대사행 물길은 사행하는 물길의 안쪽에 차가운 바닷물을 감싸고 있는 형태가 되기 때문에 연안 지역이 저온의 영향을 받거나 쿠로시오를 타고 찾아오는 물고기의 어장이 변하는 등의 영향이 나타난다.

오야시오 해류―생명을 키우는 어버이 같은 해류

쿠로시오가 남쪽 바다에서 발원한 일본 근해의 대표적인 해류라면, 오야시오 해류는 그 대극에 위치한 존재다. 오야시오 해류(쿠릴 해류로도 알려짐)는 북태평양 북쪽의 반시계 방향의 순환류가 쿠로시오와 마찬가지로 지구 자전의 영향을 받아서 서쪽으로 편중되어 발달한 해류다.

● **오야시오라는 명칭의 유래** : 오야시오라는 명칭은 영양분이 많아 어류와 해조류를 키우는 어버이(오야) 같은 해류라고 해서 붙은 것으로 추정된다. 쿠로시오가 깊고 맑은 남색을 띠는 데 비해 오야시오는 투명도가 훨씬 낮으며 녹색이나 갈색에 가까운 색으로 보인다. 오야시오 해류의 기원 해역은 북태평양의 황금 어장으로 불리는 베링해다.

● **서로 섞이는 오야시오** : 오야시오는 흐르는 과정에서 주변 해역의 물과 섞이는 것으로 알려져 있다. 기원 해역에서 지시마 열도(쿠릴 열도)를 따라 흐르며 오호츠크해의 물과 섞임으로써 온도와 염분이 낮아진다. 홋카이도와 도호쿠 연안을 남하한 일부는 쿠로시오와 합류해 섞여서 북태평양 남쪽에 넓게 존재하는 중간층의 물을 만든다. 이때 해양 속으로 이산화탄소를 흡수하기 때문에 기후 변동에 중요한 영향력을 끼치는 것으로 알려져 있다.

쓰시마 난류 – 동해를 흐르는 해류

동해의 해면 수온 분포를 보면 대략 북위 40도 주변에서 남쪽의 고온과 북쪽의 저온으로 나뉜다. 다만 이보다 북쪽에서도 아오모리현과 홋카이도의 서해안에 인접한 해역은 수온이 높은데, 이 따뜻한 바닷물이 자리 잡고 있는 해역을 흐르는 해류가 쓰시마 난류다.

쓰시마 난류는 쿠로시오 해류와 비교하면 바닷물의 수송량이 약 10분의 1, 유속은 4분의 1밖에 안 되는 약한 흐름이다. 기원은 동중국해의 대륙붕 사면을 흐르는 쿠로시오 해류에 있다. 북상하던 쿠로시오 해류의 일부가 동중국해를 거쳐 한국과 일본 사이의 대한 해협을 통과하는데 쓰시마 부근을 지나므로 '쓰시마 난류'라고 부른다. 쓰시마 난류는 한국의 동해 인접 지역을 세계 유수의 폭설 지대로 만드는 원인 중 하나다.

역사를 움직인
엘니뇨와 라니냐 현상

신의 아들 엘니뇨와 여자아이 라니냐

엘니뇨 현상은 적도 부근인 남아메리카의 페루 연안에서 태평양 중앙부까지의 해역에서 평년에 비해 바닷물의 온도가 높은 영역이 띠 모양으로 발달하는 현상이다. 한편 라니냐 현상은 반대로 이 해역에 평년과 비교할 때 해수의 온도가 낮은 영역이 띠 모양으로 발달하는 현상이다. 양쪽 모두 수 년 간격으로 발생해서 약 1년 이상 계속되며, 발생하면 세계 각지의 기후에 큰 영향을 끼친다.

엘니뇨는 스페인어로 '사내아이' 혹은 '아기 예수(신의 아들)'라는 의미다. 본래는 페루 북부에서 매년 크리스마스 무렵에 나타나는 약한 난류를 현지의 어부들이 부르는 명칭이었다. 엘니뇨의 발생 메커니즘에 따르면 동쪽에서 불어오는 바람인 무역풍이 계절적으로 약해짐에 따라 근해로 밀려나 있던 따뜻한 바닷물이 흘러들면서 생긴다. 이처럼 지역적이고 단기적인 현상이 대규모로, 그것도 오랫동안 계속되는 것을 엘니뇨 현상이라고 부르게 되었다.

라니냐는 스페인어로 '여자아이'라는 의미다. 엘니뇨와 달리 페루 현지에서 부르는 명칭은 아니다. 엘니뇨 현상을 연구하던 연구자가 엘니뇨와는 반대의 이상 현상도 있음을 발견했다. 이것을 초기에는 반反엘니뇨 현상이라고 표현하기도 했지만, 이 경우 반크리스트라는 의미로 해석될 수 있어 미국의 해양학자가 사내아이(엘니뇨)의 반대인 여자아이(라니냐)로 부르자고 제안한 것이 오늘날 정착되었다.

엘니뇨가 역사를 움직였다!

엘니뇨는 세계 각지의 날씨에 영향을 끼치는 것으로 알려져 있는데, 최근의 연구에 따르면 1789~1793년에 강력한 엘니뇨 현상이 일어났다. 당시 유럽에서는 밀 농사의 흉작으로 많은 사람이 굶주림에 시달렸고, 굶주림을 참지 못한 프랑스 국민들이 들고 일어나면서 프랑스 혁명이 시작되었다. 프랑스 혁명 발발의 마지막 도화선이 엘니뇨였는지도 모른다.

엘니뇨와 라니냐의 과학적 메커니즘

엘니뇨 현상과 라니냐 현상은 어떤 과학적인 메커니즘에 의해 생기는 걸까?

- **평상시 적도 부근의 태평양**: 동쪽에서 불어오는 무역풍에 해면 근처의 따뜻한 바닷물이 태평양의 서쪽으로 밀려나면서 인도네시아 주변 해역에 따뜻한 바닷물 층이 생긴다. 한편 남아메리카 연안의 페루 해역에서는 무역풍이 밀어낸 표층의 따뜻한 물을 대신해 깊은 곳에서 차가운 물이 올라온다.
- **엘니뇨 현상이 일어날 때**: 무역풍이 약해져서 서쪽에 머물고 있던 따뜻한 바닷물이 동쪽으로 돌아온다. 이 때문에 태평양 중앙에서 동쪽까지의 바닷물 온도가 높아지며, 페루 해역에서는 차가운 물이 올라오는 기세가 약해진다.
- **라니냐 현상이 일어날 때**: 무역풍이 평소보다 강하게 불어 서쪽의 따뜻한 바닷물의 층이 더욱 두꺼워진다. 페루 해역에서는 차가운 물이 올라오는 기세가 강해진다. 태평양 중앙에서 동쪽까지의 바닷물 온도가 낮아진다.

◆ 평상시와 엘니뇨·라니냐 현상이 일어날 때의 적도 부근 태평양

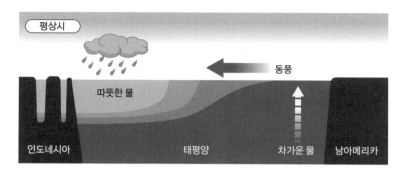

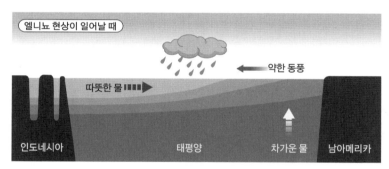

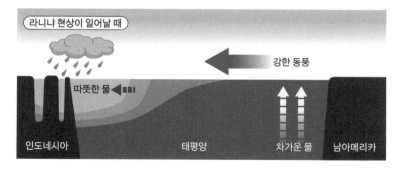

지구 충돌 전에
소행성 궤도 변경이
가능할까?

6,600만 년 전 소행성 충돌이 공룡 멸종의 원인?

6,600만 년 전(소행성으로 인해 공룡이 멸종한 시기에 대해 6,500만 년 전이라는 보고도 있다)에 거대한 소행성이 지구에 충돌했다. 소행성이 떨어진 장소는 현재의 멕시코만으로 추정된다. 그 영향으로 공룡이 멸종했을 뿐만 아니라 지구상의 생물 중 75퍼센트가 자취를 감췄다는 것이 현재 가장 유력한 설이다.

소행성의 충돌은 수백 미터에 이르는 높이의 쓰나미와 산불을 일으켰으며, 이때 대량의 황이 방출되었다. 그리고 충돌로 생긴 분진이 햇빛을 가린 결과 지구가 한랭화된 것이 공룡 멸종의 원인으로 추정된다.

운석과 소행성 낙하의 흔적, 크레이터

소행성 정도의 크기가 아니더라도 운석의 낙하는 막대한 피해를 불러온다. 1908년 6월 30일에는 운석이 지구에 접근해 시베리아의 퉁구스카에서 폭발했다. 당시는 사람이 살지 않는 오지였기에 충분한 검증이 이루어지지는 않았지만, 도쿄도 23구의 3배에 가까운 범위의 나무가 쓰러졌다.

또한 2013년 2월 15일에는 러시아의 우랄 연방 관구의 첼랴빈스크주 부근이 운석 낙하로 피해를 입었다. 운석이 대기권에 돌입해 분열되면서 발생한 충격파로 유리창이 깨지는 등 약 1,400명이 다치고 4,000동이 넘는 건물이 파손되었다.

지구 표면에는 운석이나 소행성의 낙하가 원인으로 생각되는 크레이터가 지금도 많이 남아 있다. 브레드포트 크레이터(남아프리카공화국), 서드베리 분지(캐나다), 아크라만 크레이터(오스트레일리아), 우들리 크레이터(오스트레일리아), 매니쿼건 크레이터(캐나다), 칙술루브 크레이터(멕시코, 공룡 절멸의 원인) 등등.

이 크레이터들은 지름 수십 킬로미터가 넘는 대규모인데, 이보다 작은 크레이터들은 바람이나 비 등의 침식으로 사라져 버렸다. 천체가 지구에 돌입하는 속도는 초속 20킬로미터가 넘는 경우도 있기 때문에 작은 천체라 하더라도 도시에 낙하하면 막대한 피해를 가져온다.

◆ 지구와 충돌하는 운석

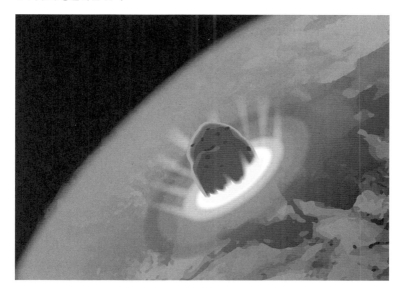

천만다행으로 지구를 스쳐 지나간 소행성들

2019년 7월 25일, 지름 약 130미터의 소행성 2019 OK가 지구에서 약 7만 2,000킬로미터 떨어진 위치를 통과했다. 작은 천체이지만 지구에 충돌한다면 수많은 도시를 파괴할 위력을 지니고 있었다. 또한 7만 2,000킬로미터는 지구와 달 사이 거리의 5분의 1 이하로, 천체의 규모를 생각하면 스쳐 지나간 것이나 다름없다.

이전에도 수많은 소행성이 지구에 접근했다. 2004년 3월 31일에는 소행성 2004 FU162가 지구의 중심에서 불과 1만 3,000킬로미터

◆ 지구 근처를 통과한 소행성

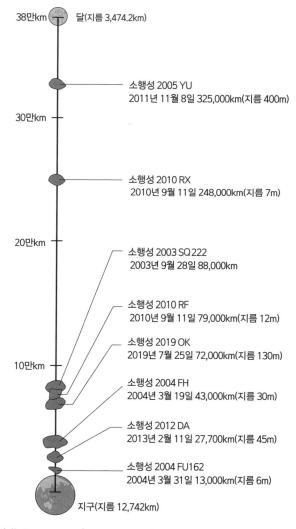

38만km — 달(지름 3,474.2km)

소행성 2005 YU
2011년 11월 8일 325,000km(지름 400m)

30만km

소행성 2010 RX
2010년 9월 11일 248,000km(지름 7m)

20만km

소행성 2003 SQ 222
2003년 9월 28일 88,000km

소행성 2010 RF
2010년 9월 11일 79,000km(지름 12m)

소행성 2019 OK
2019년 7월 25일 72,000km(지름 130m)

10만km

소행성 2004 FH
2004년 3월 19일 43,000km(지름 30m)

소행성 2012 DA
2013년 2월 11일 27,700km(지름 45m)

소행성 2004 FU162
2004년 3월 31일 13,000km(지름 6m)

지구(지름 12,742km)

※데이터는 Duncan Lunan, 《Incoming Asteroid》 Springer(2013)를 참고하여 작성

떨어진 곳까지 접근했고, 같은 달인 3월 19일에는 소행성 2004 FH 가 4만 3,000킬로미터 떨어진 위치를 통과했다. 지구 근처까지 찾아오는 지구 근방 소행성은 수없이 많아서, 1990년대에 이런 소행성들의 수색이 시작된 이래 지금까지 약 4,000개가 발견되었다.

지구를 지키기 위해 전 세계가 24시간 감시 중

각국의 전천全天 탐사(스카이 서베이) 기관은 우주에서 날아와 지구에 영향을 끼칠 수 있는 천체를 발견하기 위한 관측을 실시하고 있다. 미국의 링컨연구소나 오카야마현의 스페이스 가드 센터 등이 지구를 지키기 위해 24시간 하늘을 정찰하고 있는 것이다.

그러나 지구에 접근하는 모든 소행성과 대형 운석을 추적하기는 매우 어렵다. 그런 천체는 규모가 작고 주변이 어둡기 때문에 접근하기 며칠 전까지 발견할 수 없는 경우가 많다.

현재 NASA는 지구에 위협이 되는 천체를 기존의 기술을 이용해 파괴하거나 궤도를 변경하는 등의 방법을 개발 중이지만, 아직은 시간이 더 필요하다.

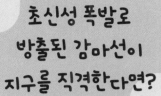

초신성 폭발로
방출된 감마선이
지구를 직격한다면?

기록에 남아 있는 초신성 폭발

서기 1054년, 황소자리의 별이 갑자기 빛을 내며 초신성 폭발을 일으켰다. 폭발 전에는 오리온자리의 베텔게우스처럼 붉게 빛나는 적색 거성으로 추정되는 별로, 지구에서 7,000광년 떨어진, 천문학적으로는 비교적 가까운 거리에 있었다.

이때 일어난 초신성 폭발(SN1054)은 마이너스 8등급 전후까지 빛을 냈다고 하는데, 이것은 금성(마이너스 4등급)보다 훨씬 밝은 수준으로 대낮에도 또렷이 볼 수 있었으며 약 2년 정도 계속 보였다고 수많은 고문서에 기록되어 있다. 이 초신성 폭발의 잔해는 지금도 확대되고 있으며 망원경으로도 관측이 가능한 '게성운'이다.

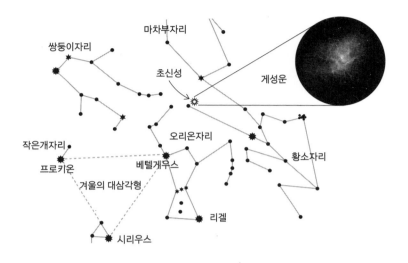

최근의 연구를 통해 과거에 일어났던 초신성 폭발이 하늘에서 차례차례 발견되고 있다. 서기 1054년에 폭발한 초신성보다 가까운 거리의 항성이 일으킨 폭발도 발견되었다. 지금으로부터 약 200만 년 전에 지구에서 약 300광년 떨어진, 태양계와 가까운 천칭자리와 이리자리 사이의 항성에서 일어난 폭발이다. 현재 우주 공간에 흩어져 있는 초신성 폭발의 잔해를 관측하는 중에 발견하게 되었으며, 더 자세한 관측을 통해 여러 차례의 폭발이 확인되었다.

당시는 인류가 갓 탄생한 시기였는데, 밤에도 보름달보다 밝게 빛나서 대지를 환하게 비췄을 것으로 생각된다. 초신성 폭발은 감마선 같은 방사선도 흩뿌린다.

오리온자리 베텔게우스가 폭발한다면?

2009년, 미국의 NASA는 오리온자리의 오른쪽 어깨 위치에 있는 베텔게우스에서 '초신성 폭발'의 전조인 수축이 일어났다는 조사 결과를 발표했다. 또한 2010년 초에는 약 100년 만에 밝기가 하락했음이 밝혀졌고, 2019년 10월부터 어두워지더니 2020년 2월에는 마침내 2등성이 되어 버렸다.

베텔게우스는 오리온자리의 1등성으로, 시리우스, 프로키온과 함께 '겨울의 대삼각형'의 꼭짓점을 이루는 별이다. 크기가 태양의 약 1,000배이고 질량은 20배인 적색 거성인데, 수명을 마치려 하고 있어 반지름 6억 킬로미터가 넘는 크기까지 팽창했다. 이 별이 언제 폭발할지에 관해서는 여러 가지 설이 있는데, 수년 후부터 수만 년 후까지 그 편차가 매우 크다. 베텔게우스와 지구의 거리는 약 642광년으로, 만약 베텔게우스가 폭발한다면 대낮에도 확인할 수 있을 정도의 밝기가 될 것이라고 한다.

초신성 폭발로 발생한 감마선은 DNA를 파괴한다

항성이 초신성 폭발을 일으키면 충격파가 발생해 항성을 구성하고 있는 원소가 우주 공간으로 방출된다. 이 충격파는 수십 광년 떨어진 곳까지 퍼지는 것으로 추정되고 있다. 그리고 이와 동시에 강력한 방사선인 '감마선'을 대량으로 방출하는데, '감마선 폭발'이라고

◆ 감마선의 DNA 파괴

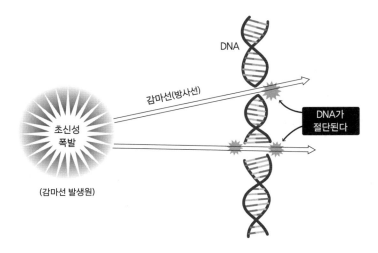

부르는 이 현상은 매우 위험한 우주 재해를 불러온다. 감마선 폭발의 위력은 굉장해서 초신성 폭발을 일으킨 항성으로부터 50광년 이내에 위치한 행성에 사는 생명체에 괴멸적인 타격을 줄 것으로 예상되고 있다.

감마선은 생물의 유전자를 구성하고 있는 DNA를 파괴한다. DNA가 파괴되면 새로운 세포를 만들지 못하고 세포가 죽어 가며, 그 결과 세포의 집합체인 생명이 위협을 받는다. 베텔게우스가 폭발하더라도 감마선이 지구를 직격할 가능성은 낮을 것으로 예상된다. 그러나 태양계 근처의 항성이 초신성 폭발을 일으킨다면 지구상의 생물도 영향을 받을 수밖에 없을 것이다.

통신과 위성 고장 일으키는 초강력 태양 폭풍

지구를 타격하는 태양 플레어와 코로나 질량 방출

태양은 지구에 에너지를 제공하고, 생명이 살 수 있는 온도를 유지해 주며, 기상 현상을 만들어낸다. 그 덕분에 동식물이 탄생할 수 있었고, 인류는 이 보편적인 태양을 이용해 농경을 함으로써 번영해왔다. 태양의 지름은 지구의 109배이며, 약 6,000도(절대온도)의 표면 온도로 계속 빛난다. 이 에너지는 태양의 중심에서 일어나고 있는 핵융합 반응으로 발생하는 것이다. 이런 태양에 아주 약간만 변화가 생겨도 지구는 큰 영향을 받는다.

플레어란 태양 표면에서 일시적으로 엄청난 양의 빛과 에너지가 폭발하는 현상이다. 1859년, 태양 흑점을 관측하던 영국의 천문학

◆ 플레어 발생에 동반되는 홍염(프로미넌스)

2017.9.10 09:24:12

자 리처드 캐링턴은 태양 층의 일부가 갑자기 밝게 빛나더니 5분 정
도 후에 소멸하는 것을 발견했다. 바로 태양 플레어(태양 폭풍) 현상
으로, 태양 표면의 폭발을 최초로 발견한 순간이었다. 다음 날에는
세계 각지에서 자기 폭풍이 발생했고, 거대한 오로라가 관측되었다.
또한 유럽에서는 통신망이 고장을 일으키는 사태가 발생했다.

  캐링턴이 본 플레어와 함께 태양에서 가스 구름 형태의 플라스마
와 자기장이 대규모로 우주 공간에 방출되었고 그 물질들이 지구 자
기장을 향해 날아든 것으로 추정된다. 그 결과 지구의 자기가 교란
되어 자기 폭풍을 일으켰고, 이것이 원인이 되어 발생한 유도 전류

가 장거리에 걸쳐 설치된 전신용 전선 등에 다양한 고장을 일으켰던 것이다.

이 정도 규모의 플레어는 얼마든지 일어날 수 있다. 1770년에는 교토에서 오로라가 보였다는 기록이 《세이카이星解》라는 책에 남아 있다. 당시 일본은 이것을 길흉의 조짐 정도로만 생각했는데, 오늘날 플레어와 함께 일어나는 코로나 질량 방출Coronal mass ejection이라는 현상임이 밝혀졌다.

태양 플레어의 영향은 문명의 발달과 함께 증대된다

플레어에서는 전자기파나 전파, 자외선, 엑스선, 감마선 등 대량의 고에너지 전자와 양자가 방출되어 지구로 쏟아져 내려온다. 그리고 이것들이 전리층을 어지럽혀서 통신 장애를 일으키고 인공위성에 장애를 발생시킨다. 또한 우주 비행사를 피폭시키고 자기 폭풍 발생으로 지상의 통신망에 이상 전류가 흐르게 하는 등 통신 기기와 IT 시스템에 장애를 일으킨다.

태양의 활동은 약 11년이라는 주기가 있어서 플레어가 많은 시기와 적은 시기가 있다. 1989년에는 캐나다의 퀘벡주에서 광역 정전이 발생해 600만 명이 9시간이나 어둠 속에서 생활해야 했다. 2003년에는 스웨덴에서도 정전이 발생했다. 모두 태양 플레어가 일으킨 자기 폭풍이 원인으로 생각된다.

◆ 기술 사회를 위협하는 태양

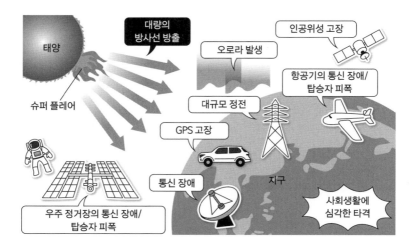

최근에는 2012년 7월 23일에 태양의 뒤편에서 대규모 플레어가 발생했는데, 다행히도 태양의 뒤편에서 발생했기에 지구에는 영향이 없었다.

현대에는 태양의 영향을 예보하기 위해 우주 기상(우주 날씨)의 중요성이 높아지고 있다. 일본에서는 정보통신연구기구가 태양을 연구하고 있으며, 거대한 태양 플레어 등의 정보를 바탕으로 지구에 쏟아져 내려오는 유해한 전자기파와 유해한 빛, 고에너지 물질 등의 정보를 제공하고 있다. 이 정보를 이용해 인공위성은 피해가 적도록 자세를 제어하며 통신 장애가 발생할 조짐이 있을 때는 각 기관이 대응책을 마련한다.

이처럼 문명의 발전과 함께 태양 플레어 등의 태양 활동이 지구와 인류에 끼치는 영향도 확대되고 있다.

맺음말

나는 이 글을 여행지인 이시가키섬(오키나와현 이시가키시)의 호텔에 서 쓰고 있다.

좀 전에 이시가키섬 오하마의 사키하라 공원에 있는 '쓰나미 큰 돌'을 보고 왔다. 쓰나미 큰 돌은 긴지름 12.8미터, 짧은지름 10.4미 터, 높이 5.9미터, 추정 중량 1,000톤의 거대한 산호석회암 덩어리 다. 명명자인 향토 역사가 마키노 기요시는 이 바위가 1771년 4월 24일에 발생한 메이와의 거대 쓰나미 때 뭍으로 올라왔다고 생각했 다. 그런데 그 후 표면에 있는 산호의 연대 측정을 통해 지금으로부 터 2,000년 전의 사키시마 쓰나미 때 뭍으로 올라온 것임이 판명되 었다. 메이와의 거대 쓰나미 때는 그다지 많이 움직이지 않았지만 구르기는 한 듯하다.

마키노 기요시에 따르면 메이와의 거대 쓰나미로 인한 사망자와 행 방불명자는 야에야마 지방이 9,313명(이 가운데 이시가키섬 8,439명), 미야코지마 지방이 2,548명으로 합계 1만 1,861명에 이르렀다. 이 시가키섬의 사망률은 무려 46.8퍼센트나 되었는데, 특히 이시가키섬의 시라호촌에서는 당시의 인구 1,574명 가운데 1,546명이 익사했다고 전해진다.

메이와 거대 쓰나미의 최대 높이는 30미터 정도였던 것으로 보인다. 높이로는 2011년의 동일본 대지진 쓰나미, 1896년의 메이지 산리쿠 지진 쓰나미에 이은 규모로 추정되고 있다.

쓰나미 큰돌의 연구 결과에 따르면 이 땅은 메이와의 거대 쓰나미 이전에도 거대 쓰나미에 휩쓸린 적이 있다고 한다. 또한 쓰나미 퇴적물 등의 연구에서는 2,000년 사이에 약 600년 간격으로 메이와의 거대 쓰나미와 거의 같은 규모의 쓰나미가 네 차례 정도 발생한 것이 아닐까 추정되고 있다.

메이와의 거대 쓰나미가 발생했을 당시, 사람들은 이전에도 비슷한 규모의 쓰나미가 있었다는 사실을 알지 못했을 것이다. 그러나 지금은 오키나와현 이시가키시의 쓰나미 돌 5개가 2013년에 '이시가키섬 동해안의 쓰나미 돌군#'이라는 국가 천연기념물로 지정되었다. 쓰나미 돌로서는 최초로 국가 천연기념물이 된 것이다. 쓰나미 큰 돌 이외에는 전부 다수의 고문서에 기재된 내용을 봤을 때 메이와 쓰나미가 원인인 쓰나미 돌들이다. 쓰나미 돌이 재해 문화재로서 보존된다면 그것을 보고 쓰나미의 에너지가 얼마나 큰지 실감할 수 있을 것이다.

지진은 대부분 아무런 전조 없이 일어나며, 대지진은 수많은 사망자를 낸다. 게다가 교통망이나 전력망 같은 라이프라인과 통신 네트워크 단절로 인한 사회적 피해도 이루 헤아릴 수 없을 만큼 크다.

이처럼 재해를 불러오는 지진이지만, 사실 지진은 일본 열도가 형성되고 있는 지각 변동의 한 부분으로도 생각할 수 있다. 일본 열도는 오랫동안 대지진을 반복하면서 산들(화산 이외)이 높아지고, 그 산들이 침식되어 낮은 곳으로 운반된 토사를 쌓으면서 평야와 만이 형성되어 왔다. 이 지각 변동은 지금도 계속되고 있다. 매년 찾아오는 태풍도 마찬가지다. 태풍으로 인한 강수량이 연간 강수량의 3분의 1을 차지하는 것으로 추산되고 있으므로 태풍이 없어진다면 물부족에 시달릴 것이다.

이렇듯 자연은 재해와 함께 우리가 살아갈 곳과 살아가는 데 필요한 산물을 제공해준다. 우리는 이제 이런 '지구과학의 눈'으로 지진이나 태풍 등을 바라볼 필요도 있지 않을까?

참고 문헌

Grove, Richard H., "Global Impact of the 1789-93 El Niño", *Nature* 393(6683): 318-319, 1998년.

Shiogama, H., Watanabe, M., Imada, Y., Mori, M., Ishii, M., & Kimoto, M., "An event attribution of the 2010 drought in the South Amazon region using the MIROC5 model", *Atmospheric Science Letters*, 2013.

가마타 히로키, 《지구과학의 권장: '일본 열도의 현재'를 알기 위해(地学ノススメ「日本列島のいま」を知るために)》, 고단샤, 2017년.

검정 교과서, 《지구과학의 세계[IA]》, 도쿄서적, 2000년.

고다마 가즈야, 《머릿속에 쏙쏙! 방사선 노트》, 김정환 옮김, 시그마북스, 2021년.

고바야시 후미야키, 《용오름: 메커니즘·피해·몸을 지키는 법(竜巻―メカニズム·被害·身の守り方―)》, 세이잔도서점, 2014년.

구라시마 아쓰시, '기상 재해의 시대적 변천과 이에 대응하는 방재 기상 정보의 발전에 관해', 〈지학 잡지〉 86, 1, 1977년.

기무라 류지, 《기상·일기도를 보는 법·즐기는 법(気象·天気図の読み方·楽しみ方)》, 세이비도출판, 2004년.

뇨무라 요, 《최신 도해 특별 경보와 자연재해에 관해 알 수 있는 책(最新図解 特別警報と自然災害がわかる本)》, 옴사, 2015년.

다케다 야스오 감수, 《사실은 무서운 날씨 이야기(本当は怖い天気)》, 이스트프레스, 2010년.

덩컨 루넌(Duncan Lunan),《다가오는 소행성(*Incoming Asteroid!*)》, Springer, 2013.

사마키 다케오 & 〈과학 탐험(RikaTan)〉 편집부 편저,《대재해의 과학 지식 Q&A 250(大災害の理科知識 Q&A 250)》, 신초사, 2011년.

_____,《어른이 되어서 다시 공부하는 중학교 지구과학(大人のやりなおし 中学地学)》, SB크리에이티브, 2011년.

_____,《재밌어서 밤새 읽는 지구과학 이야기》, 김정환 옮김, 정성헌 감 수, 더숲, 2013년.

스즈키 야스히로,《원자력 발전소와 활성 단층 - '예상 밖'은 용납되지 않는다(原 発と活断層 - 「想定外」は許されない)》, 이와나미서점, 2013년.

시오미 가쓰히코 · 오바라 가즈시게 · 하류 요시카쓰 · 마쓰무라 미노루, 〈방재과 학기술연구소 Hi-net의 구축과 그 성과〉, 지진 제2집 61권.

쓰무라 겐시로, 〈'볏가리의 불' - 픽션과 실화를 통해서 배우는 쓰나미 방재〉, 예 방시보 220호, 일본손해보험협회, 2005년.

야마가 스스무,《과학의 눈으로 보는 일본 열도의 지진 · 쓰나미 · 분화의 역사(科 学の目で見る 日本列島の地震 · 津波 · 噴火の歴史)》, 베레출판, 2016년.

야마시타 후미오,《쓰나미 각자도생: 근대 일본의 쓰나미 역사(津波てんでんこ—近 代日本の津波史)》, 신일본출판사, 2008년.

야스다 이치로, 〈북태평양 중층수의 형성 · 수송 · 변질 과정에 관한 연구〉 2011 년도 일본해양학회상 수상 기념 논문 바다의 연구(Oceanography in Japan), 21(3), 83-99, 2012년.

일본 국립천문대,《과학 연표 2020(理科年表2020)》, 마루젠출판, 2019년.

일본 내각부, 〈난카이 트로프 거대 지진의 피해 예상(제2차 보고)에 관하여〉, http://www.bousai.go.jp/jishin/nankai/nankaitrough_info.html

_____, 〈수도 직하 지진의 피해 예상과 대책에 관하여〉, 수도 직하 지진 대책 검토 워킹그룹 편저(2013년 12월 19일 공표).

하나오카 요이치로, 《태양은 지구와 인류에 어떤 영향을 끼치고 있는가(太陽は地 球と人類にどう影響を与えているか)》, 분코사, 2019년.

하라사와 히데오, "이상 기후의 피해는 증가하고 있다?(온난화 감시 2. '데이터를 분 석한다')" 지구환경센터 뉴스 Vol.16, No.6

환경성, '자료2 국내외의 이상 기후 등의 상황에 관하여', 〈중앙환경심의회 지 구환경부회 기후 변동에 관한 국제전략전문위원회 제출 자료〉(하라사와 히데 오 위원) https://warp.da.ndl.go.jp/info:ndljp/pid/12366660/www.env. go.jp/council/content/i_05/900425227.pdf

〈과학 탐험〉, SAMA기획 '지진', '화산' 특집호.

《뉴턴 별책: 후지산 분화와 거대 칼데라 분화(ニュートン別冊 富士山噴火と巨大カル デラ噴火)》, 뉴턴프레스, 2014년.

《별책 다카라지마 도해로 이해하는 후지산 대분화(別冊宝島 図解でわかる富士山大 噴火)》, 다카라지마사, 2012년.

《신편 지구과학 기초: 지도용 교과서(新編 地学基礎 指導用教科書)》, 스켄출판, 2016년.

일본 방재과학기술연구소 홈페이지 https://www.bosai.go.jp/

일본 기상청 홈페이지 https://www.jma.go.jp

일본 지진 본부 홈페이지 https://www.jishin.go.jp/

일본 지구환경센터 홈페이지 https://cger.nies.go.jp/

일본 폭탄 저기압 정보 데이터베이스 http://fujin.geo.kyushu-u.ac.jp/ meteorol_bomb/

일본 해상보안청 해양정보부 홈페이지 https//www1.kaiho.mlit.go.jp

일본 해양정보연구센터 홈페이지 http//www.mirc.jha.or.jp

함께한 집필진

사카모토 아라타(坂元新)

사이타마현 고시가야시립오부쿠로중학교 과학 교사. 고시가야시의 초등학교 교사들과 함께 과학을 통한 초등학교와 중학교 일관 교육에 힘쓰고 있다. 주요 공저서로《대재해의 과학 지식 Q&A 250(大災害の理科知識Q&A 250)》《신기하고 재미난 집구석 과학》등이 있다.

하라구치 에이이치(原口栄一)

가고시마시립다니야마중학교 과학 교사. '원자력·방사선', '과학 모형', '중학교 도덕'을 주로 연구한다. '제33회 도쿄서적 교육상 중학교 부문' 최우수상, '제20회 우에히로 도덕 교육상' 최우수상을 수상했다. 저서로《중학교 과학 수업이 반드시 성공하는 아이디어: 즉시 실천할 수 있는 간단한 궁리 65(中学理科授業が必ず成功するアイデア: すぐできるちょっとの工夫65)》외 다수의 공저가 있다.

이노우에 간지(井上貫之)

과학교육 컨설턴트, 공익 재단법인 소니교육재단 평의위원, 전 아오모리현 하치노헤시립고나카노초등학교 교장. 과학을 좋아하는 아이들을 육성하기 위해 다양한 활동을 펼치고 있다. 저서로《아이와 부모가 함께 즐기는 별하늘 관찰(親子で楽しく星空ウオッチング)》, 공저로《이야기하고 싶어진다! 유용한 물리(話したくな

る！つかえる物理）》등 다수가 있다.

고바야시 노리히코(小林則彦)

세이부학원 문리 중·고등학교 교사. 주요 공저서로《재밌어서 밤새 읽는 지구과학 이야기》《과학이 재밌어지는 아주 친절한 과학책》등 다수가 있다.

오니시 미쓰요(大西光代)

사이언스 라이터(과학 저술가)이자 수산학 박사. 지구과학(해양·기상·환경)과 게임이나 애니메이션 등의 설정을 과학적으로 해설하는 기사를 쓰는 데 탁월하다. 집필 신조는 상황에 맞는 표현으로 알기 쉽게 과학을 전하는 동시에 전문가도 만족시킬 수 있는 정확성을 양립하는 것이다.

오시마 오사무(大島修)

전 군마현 오타시립사와노중앙초등학교 교장. 방송대학교 강사(교원 면허 갱신 강습). 군마현을 중심으로 과학 교실과 천체 교실을 열고 있다. 주요 공저서로《중학교 3년분의 생물·지구과학을 술술 풀 수 있는 65개 규칙(中学校3年分の生物·地学が面白いほど解ける 65 のルール)》《천체 관측의 교과서: 태양 관측편(天体観測の教科書 太陽観測編)》등 다수가 있다.

마스모토 데루키(桝本輝樹)

가메다의료대학교 준교수, 지바현립보건의료대학교 비상근 강사. 전문 분야는 생물학, 환경과학, 통계학으로, 정보·과학·미디어·재해 등의 리터러시 교육도 담당하고 있다. 공저서로《신기하고 재미난 집구석 과학》《과알못도 빠져드는 3시간 생물》등이 있다.

무섭지만 재밌어서 밤새 읽는

지구과학 이야기

1판 1쇄 발행 2023년 10월 31일
1판 2쇄 발행 2024년 7월 22일

지은이 사마키 다케오 외
옮긴이 김정환
감 수 박지선

발행인 김기중
주간 신선영
편집 백수연, 정진숙
마케팅 김신정, 김보미
경영지원 홍운선
펴낸곳 도서출판 더숲
주소 서울시 마포구 동교로 43-1 (04018)
전화 02-3141-8301
팩스 02-3141-8303
이메일 info@theforestbook.co.kr
페이스북 @forestbookwithu
인스타그램 @theforest_book
출판신고 2009년 3월 30일 제2009-000062호

ISBN 979-11-92444-65-9 (03450)